RÉSOLUTI[ON]

DES

ÉQUATIONS TRANSCENDANTES,

PAR

Le Docteur M. A. STERN,

traduit de l'allemand

Par E. LÉVY,

AGRÉGÉ DES SCIENCES.

❦

PARIS.

VICTOR DALMONT, ÉDITEUR,

Précédemment Carilian-Gœury et Victor Dalmont,

LIBRAIRE DES CORPS IMPÉRIAUX DES PONTS ET CHAUSSÉES ET DES MINES,

Quai des Augustins, n° 49.

1858

RÉSOLUTION

DES

ÉQUATIONS TRANSCENDANTES.

Paris. — Imprimé par E. Toucot et Ce, rue Racine, 26, près de l'Odéon

RÉSOLUTION

DES

ÉQUATIONS TRANSCENDANTES,

PAR

LE DOCTEUR M. A. STERN,

traduit de l'allemand

PAR E. LÉVY,

AGRÉGÉ DES SCIENCES

PARIS.

VICTOR DALMONT, ÉDITEUR,

Successeur de Carilian-Gœury et Victor Dalmont,

LIBRAIRE DES CORPS IMPÉRIAUX DES PONTS ET CHAUSSÉES ET DES MINES

Quai des Augustins, n° 49

1858

PRÉFACE.

L'Académie des sciences de Copenhague ayant mis au concours, en 1837, la résolution des équations transcendantes, a couronné le mémoire de M. Stern, professeur à Göttingue. C'est la traduction de la partie la plus importante de ce mémoire que nous publions ici. L'auteur s'est proposé d'étendre aux équations transcendantes la méthode employée par Fourier pour la résolution des équations algébriques, d'après le plan dont Fourier lui-même avait donné une légère esquisse. Pour la commodité de nos lecteurs, nous avons cru devoir exposer d'abord la méthode de Fourier. M. Gerono nous a donné, à ce sujet, quelques conseils dont nous avons profité et pour lesquels nous sommes heureux de pouvoir lui exprimer ici notre reconnaissance.

FORMULE DE TAYLOR.

Cette formule étant d'un fréquent usage dans ce qui suit, nous en donnons d'abord la démonstration (*).

Quand il s'agit d'une fonction $f(x)$ entière et du degré m, la formule de Taylor s'établit aisément par la loi du binôme de Newton, et l'on trouve :

$$f(a+h) = f(a) + h f'(a) + \frac{h^2}{1.2} f''(a) + \cdots + \frac{h^m}{1.2.3\ldots m} f^{m}(a)$$

Ce développement se termine au $m+1^{\text{ième}}$ terme ; car les dérivées $f^{m+1}(a)$, $f^{m+2}(a)$, etc., sont toutes nulles.

Si la fonction $f(x)$ n'est plus entière, mais quelconque, on peut néanmoins se proposer de développer encore $f(a+h)$ suivant la loi précédente ; mais le développement va présenter une série illimitée de termes. Si l'on s'arrête au $n^{\text{ième}}$ terme, et si l'on désigne par R le reste inconnu destiné à compléter la série, on aura, par définition :

$$R = f(a+h) - f(a) - h f'(a) - \frac{h^2}{1.2} f''(a) - \cdots - \frac{h^{n-1}}{1.2.3\ldots(n-1)} f^{n-1}(a)$$

et la question consiste à trouver une expression de ce reste

(*) Nous empruntons cette démonstration au *Traité des approximations numériques* de M. Vieille.

sous forme finie. Voici cette expression :

$$(1) \qquad R = \frac{h^n}{1.2.3.....n} f^n(a + \theta h)$$

θ étant une quantité positive moindre que l'unité.

Cette expression est applicable à toute fonction, algébrique ou transcendante, pourvu que la n^{ieme} dérivée $f^n(x)$ reste finie et continue pour toute valeur de x comprise entre a et $a + h$.

Pour démontrer la formule (1), posons

$$\varphi(x) = f(a + h) - f(x) - (a + h - x) f'(x) -$$
$$\frac{(a + h - x)^2}{1.2} f''(x) \ldots - \frac{(a + h - x)^{n-1}}{1.2\ldots(n-1)} f^{n-1}(x)$$

Pour $x = a$, $\varphi(a)$ se confond avec l'expression (1) du reste R.

La dérivée de $\varphi(x)$ se réduit à

$$\varphi'(x) = - \frac{(a + h - x)^{n-1}}{1.2.3\ldots(n-1)} f^n(x)$$

Supposons d'abord h positif, et désignons par M la plus grande des valeurs que prend $f^n(x)$ lorsque x croît de a à $a + h$. On a constamment

$$\frac{(a + h - x)^{n-1}}{1.2.3\ldots(n-1)} [M - f^n(x)] > 0$$

Donc la fonction qui a pour dérivée le premier membre de cette inégalité est croissante. Or cette fonction est évidemment

$$\varphi(x) - \frac{(a + h - x)^n}{1.2.3\ldots n} M,$$

et comme elle finit par s'annuler pour $x = a + h$, elle a dû être constamment négative pour les valeurs inférieures de x. On a donc, en particulier, pour $x = a$

$$\varphi(a) - \frac{h^n}{1.2.3...n} M < 0$$

ou

$$R < \frac{h^n}{1.2.3...n} M$$

En désignant par m la plus petite des valeurs que prend $f^n(x)$, lorsque x varie de a à $a + h$, on aura de même

$$R > \frac{h^n}{1.2.3...n} m$$

Ainsi R est égal au produit de $\dfrac{h^n}{1.2.3...n}$ par une certaine quantité comprise entre m et M.

Tout ceci n'exige pas que $f(x)$ soit une fonction continue, mais seulement finie entre a et $a + h$. Maintenant, si l'on suppose $f^n(x)$ continue, elle passera par tous les états de grandeur entre sa plus grande et sa plus petite valeur; il existera donc une valeur $a + \theta h$ de x comprise entre a et $a + h$, pour laquelle $f^n(x)$ atteindra la grandeur comprise entre m et M dont il a été question plus haut, et dont le produit par $\dfrac{h^n}{1.2...n}$ est égal au reste R. On aura donc

$$R = \frac{h^n}{1.2.3...n} f^n(x + \theta h)$$

Nous avons supposé h positif. Dans le cas contraire, on fera croître x depuis $a + h$ jusqu'à a; le facteur $a + h - x$ sera négatif, et l'on aura deux cas à distinguer : n pair, n impair. Le lecteur achèvera facilement lui-même la démonstration. Dans tous les cas on trouve :

$$R = \frac{h^n}{1.2.3\ldots n} f^n(a + \theta h)$$

Par conséquent on a

$$f(a + h) = f(a) + h f'(a) + \frac{h^2}{1.2} f''(a) \ldots +$$

$$\frac{h^{n-1}}{1.2.3\ldots(n-1)} f^{n-1}(a) + \frac{h^n}{1.2.3\ldots n} f^n(a + \theta h)$$

C'est la formule de Taylor.

MÉTHODE DE FOURIER

POUR

LA RÉSOLUTION DES ÉQUATIONS ALGÉBRIQUES.

PREMIÈRE PARTIE.

SÉPARATION DES RACINES.

1. L'équation proposée étant

$$x^m + A_1 x^{m-1} + A_2 x^{m-2} + \cdots\cdots + A_m = 0$$

Nous désignons par X ou $f(x)$ le premier membre. Nous écrivons dans l'ordre suivant la fonction X et ses m premières dérivées

$$X^{(m)},\ X^{(m-1)} \cdots\cdots X'',\ X',\ X$$

Concevons maintenant que l'on donne à x une valeur déterminée a positive ou négative, qu'on la substitue au lieu de x dans la suite des fonctions, et que l'on écrive le signe de chaque résultat. On formera ainsi une suite de signes dont le premier qui répond à $X^{(m)}$ est toujours $+$. Nous désignerons cette suite par $[a]$.

Il est évident que la suite $[-\infty]$ renfermera m variations et que la suite $[\infty]$ n'en renfermera aucune.

2. Prouvons que le nombre m des variations qui existent dans la suite $[-\infty]$ diminue continuellement à mesure que a augmente et que cette suite perd une variation toutes les fois que a devient égal à une racine réelle.

Il est évident qu'il ne pourra s'introduire de changement dans la suite des signes que lorsqu'une des fonctions passera par zéro.

Supposons d'abord que la seule fonction qui devient nulle soit la dernière X ou $f(x)$, et substituons successivement les trois nombres $a-h$, a, $a+h$, h étant un nombre positif assez petit pour que aucune valeur comprise entre $a-h$ et $a+h$ ne fasse évanouir une des dérivées de $f(x)$.

La formule :

$$f(a+h) = f(a) + h\, f'(a+\theta h)$$

devient, puisque l'on a $f(a) = 0$

$$f(a+h) = h\, f'(a+\theta h)$$

et elle fait voir que $f(a+h)$ a le même signe que $f'(a+\theta h)$ et par conséquent le même signe que $f'(a)$. Elle fait voir aussi que $f(a-h)$ a le même signe que $-f'(a)$.

D'après cela, les trois suites

$$[a-h], \quad [a], \quad [a+h]$$

seront terminées de l'une des deux manières suivantes :

$$
\begin{aligned}
[a-h] &= \ldots\ldots + - \\
[a] &= \ldots\ldots + 0 \\
[a+h] &= \ldots\ldots + +
\end{aligned}
$$

ou bien

$$[a - h] = \ldots\ldots - +$$
$$[a] \;\; = \ldots\ldots - 0$$
$$[a - h] = \ldots\ldots - -$$

Dans les deux cas la suite perd une variation lorsque la valeur substituée atteint et dépasse infiniment peu une des racines réelles de l'équation proposée.

3. Supposons maintenant que le nombre substitué a rende nulle une des fonctions intermédiaires de la suite, sans rendre nulle la fonction $f(x)$. Soit $f^n(x)$ la fonction qui s'évanouit.

On verra, comme précédemment, que $f^n(a + h)$ et $f^n(a - h)$ auront les mêmes signes que $f^{n+1}(a)$ et $- f^{n+1}(a)$. Or le signe de $f^{n+1}(a)$ peut être $+$ ou $-$ et il en est de même de $f^{n-1}(a)$. De là les quatre combinaisons suivantes pour cette partie des suites $[a - h]$, $[a]$, $[a + h]$.

$$f^{n+1}(x) \quad f^n(x) \quad f^{n-1}(x)$$

		$f^{n+1}(x)$	$f^n(x)$	$f^{n-1}(x)$	
(1)	$[a - h] = \ldots$	$+$	$-$	$+$	$\ldots$
	$[a] \;\; = \ldots$	$+$	0	$+$	$\ldots$
	$[a + h] = \ldots$	$+$	$+$	$+$	$\ldots$
(2)	$[a - h] = \ldots$	$-$	$+$	$+$	$\ldots$
	$[a] \;\; = \ldots$	$-$	0	$+$	$\ldots$
	$[a + h] = \ldots$	$-$	$-$	$+$	$\ldots$
(3)	$[a + h] = \ldots$	$+$	$-$	$-$	$\ldots$
	$[a] \;\; = \ldots$	$+$	0	$-$	$\ldots$
	$[a + h] = \ldots$	$+$	$+$	$-$	$\ldots$
(4)	$[a - h] = \ldots$	$-$	$+$	$-$	$\ldots$
	$[a] \;\; = \ldots$	$-$	0	$-$	$\ldots$
	$[a + h] = \ldots$	$-$	$-$	$-$	$\ldots$

On voit que la suite perd à la fois deux variations ou n'en perd aucune.

4. Si une même valeur a rend nulles plusieurs fonctions consécutives, soit i le nombre des fonctions $f^n(a)$, $f^{n-1}(a)$, $f^{n-2}(a)$... qui s'évanouissent.

Nous avons :

$$f^n(a + h) = f^n(a) + h\, f^{n+1}(a + \theta h)$$

ou
$$f^n(a + h) = h\, f^{n-1}(a + \theta h)$$

et, en général, nous aurons cette suite d'expressions :

$$f^n(a + h) = hf^{n+1}(a + \theta h)$$
$$f^{n-1}(a + h) = \frac{h^2}{1.2} f^{n+1}(a + \theta_1 h)$$
$$f^{n-2}(a + h) = \frac{h^3}{1.2.3} f^{n+1}(a + \theta_2 h)$$
$$f^{n-3}(a + h) = \frac{h^4}{1.2.3.4} f^{n+1}(a + \theta_3 h)$$

etc.

et par conséquent

$$f^n(a - h) = - hf^{n+1}(a - \theta h)$$
$$f^{n-1}(a - h) = \frac{h^2}{1.2} f^{n+1}(a - \theta_1 h)$$
$$f^{n-2}(a - h) = - \frac{h^3}{1.2.3} f^{n+1}(a - \theta_2 h)$$
$$f^{n-3}(a - h) = \frac{h^4}{1.2.3.4} f^{n+1}(a - \theta_3 h)$$

etc.

Ce qui nous conduit à la règle suivante :

En désignant par

$$f^{n+1}(a),\ 0,\ 0,\ 0,\ \text{etc.}$$

la partie de la suite $[a]$ que donnent les fonctions

$$f^{n+1}(x), \ f^{n}(x), \ f^{n-1}(x), \ f^{n-2}(x)$$

il faut, pour la suite $[a + h]$, écrire au-dessous de chaque zéro de la suite $[a]$ le signe même de $f^{n-1}(a)$; et pour former la suite $[a - h]$, il faut, au-dessus du premier zéro à gauche, écrire le signe contraire à celui de $f^{n-1}(a)$; au-dessus du zéro suivant, écrire le signe de $f^{n-1}(a)$, et continuer ainsi à alterner les signes au-dessus des autres zéros.

Il est évident que l'on introduit ainsi dans la suite $[a - h]$ i variations qui deviennent autant de permanences dans la suite $[a + h]$.

Si le nombre i est pair, le signe de la dernière fonction évanouissante f^{n-i-1} est le même dans les suites $[a - h]$ et $[a + h]$. Il donne par conséquent, dans les deux suites, la même combinaison de signes avec la fonction extrême non évanouissante $f^{n-i}(x)$. Donc la suite a perdu dans ce cas i variations.

Si le nombre i est impair, le signe de la dernière fonction évanouissante $f^{n-i-1}(x)$ n'est plus le même dans les deux suites.

Si dans la suite $[a - h]$, $f^{n-i-1}(x)$ forme une variation avec $f^{n-i}(x)$, cette variation répondra à une permanence dans la suite $[a + h]$. Donc la suite perd $i + 1$ variations.

Si, au contraire, dans la suite $[a - h]$, $f^{n-i-1}(x)$ forme une permanence avec $f^{n-i}(x)$, cette permanence devient une variation dans la suite $[a + h]$, et le nombre des variations perdues est $i - 1$.

On voit que le nombre des variations perdues par la suite $[a - h]$ est toujours un nombre pair qui ne peut jamais être négatif.

Si les fonctions évanouissantes consécutives sont placées à

l'extrémité de la suite vers la droite, il résulte de ce qui précède que le nombre des variations perdues est égal au nombre
des fonctions évanouissantes. On sait que, dans ce cas, la
fonction X contient le facteur $(x—a)^n$, n désignant le nombre
des fonctions extrêmes qui s'évanouissent. Donc la suite perd
n variations lorsque a est une racine multiple dont le degré
de multiplicité est n, et par conséquent la suite perd au
moins autant de variations que l'équation proposée a de
racines réelles égales ou inégales.

5. Nous avons donc démontré la proposition suivante :

1° Si a augmente par degrés insensibles depuis $—\infty$ jusqu'à $+\infty$, le nombre des variations ira toujours en diminuant depuis m jusqu'à 0.

2° La suite perd une variation toutes les fois que a devient
égal à une des racines réelles de la proposée. Il disparaît
ainsi autant de variations que l'équation a de racines réelles
égales ou inégales.

3° Autant l'équation proposée a de couples de racines imaginaires, autant il arrive de fois que la suite perd deux variations qui disparaissent ensemble par suite de l'évanouisse-
ment d'une ou de plusieurs fonctions intermédiaires (*).

6. Cette proposition donne immédiatement un moyen de
découvrir combien l'équation proposée peut avoir de racines
réelles comprises entre deux limites données a et b.

En effet, supposons a moindre que b, et supposons que la
suite $[b]$ renferme δ variations de moins que la suite $[a]$, δ ne
pourra pas être un nombre négatif.

(*) Les racines imaginaires manquent en de certains intervalles et
non en d'autres. Les valeurs indicatrices de racines imaginaires peuvent
être égales soit entre elles soit aux racines réelles.

Si l'on a $\delta = 0$, il est impossible que l'équation ait aucune racine réelle entre a et b.

Si $\delta = 1$, l'équation a une racine réelle entre a et b.

Si $\delta = 2$, l'équation peut avoir deux racines réelles entre a et b; mais il peut arriver aussi qu'il n'y ait aucune racine réelle dans cet intervalle. Cela aurait lieu s'il existait un nombre p compris entre a et b qui fît disparaître à la fois deux variations sans rendre nulle la fonction $f(x)$.

Dans tous les cas, l'équation ne peut avoir plus de δ racines réelles entre a et b.

Si δ est impair, il y a au moins une racine réelle entre a et b.

Si δ est pair, il peut n'y avoir aucune racine réelle entre a et b.

En général, si le nombre des racines réelles comprises entre a et b n'est pas égal à δ, il ne pourra en différer que d'un nombre pair Δ; et, dans ce cas, l'équation a au moins Δ racines imaginaires.

7. Lorsque l'on substitue a dans la suite des fonctions $f^m(x)$, $f^{m-1}(x)$, etc., il peut arriver qu'un ou plusieurs de ces résultats soient nuls. Dans ce cas, nous considérons les suites $[a - h]$ et $[a + h]$, et nous nous servons de la suite $[a + h]$, lorsque nous voulons comparer la limite à une limite plus grande b. Mais si nous voulons comparer la limite a à une limite b' moindre que a, nous remplaçons la suite $[a]$ par la suite $[a - h]$. A l'aide de cette *règle du double signe*, les suites comparées ne contiendront plus de zéros.

Si la suite $[a + h]$ renferme Δ variations de moins que la suite $[a - h]$ et si a n'est pas racine, l'équation proposée aura Δ racines imaginaires, indépendamment des racines qui pourraient manquer en d'autres intervalles.

Exemple.

$$|a - h| = + - + - + - + - + -$$
$$|a| \quad\; = + \; 0 \; 0 \; 0 \; 0 \; - \; 0 \; 0 \; 0 \; -$$
$$|a + h| = + + + + + - - - - -$$

La suite $|a + h|$ a huit variations de moins que la suite $|a - h|$. L'équation proposée aurait donc pour cette seule cause huit racines imaginaires.

8. Nous allons maintenant chercher une règle pour découvrir si les racines indiquées entre les deux limites sont réelles ou imaginaires.

Supposons que les suites $|a|$ et $|b|$ soient ainsi terminées

$$|a| = \ldots \ldots + - +$$
$$|b| = \ldots \ldots + + +$$

Supposons en outre, que les deux suites aient le même nombre de variations lorsque l'on fait abstraction des deux derniers signes à droite. On voit qu'il y a deux variations de perdues; et, par conséquent, il ne peut y avoir plus de deux racines entre a et b; il s'agit de connaître la nature des deux racines indiquées.

Il résulte de nos hypothèses :

1° Que l'équation

$$f'(x) = 0$$

a une seule racine entre a et b et cette racine est réelle. On le voit en omettant le dernier signe de chaque suite.

2° Que l'équation

$$f''(x) = 0$$

n'a aucune racine entre a et b. On le voit en omettant les deux derniers signes de chaque suite.

9. Si nous construisons la courbe

$$y = f(x),$$

et si nous considérons sur cette courbe l'arc mpn qui corres-

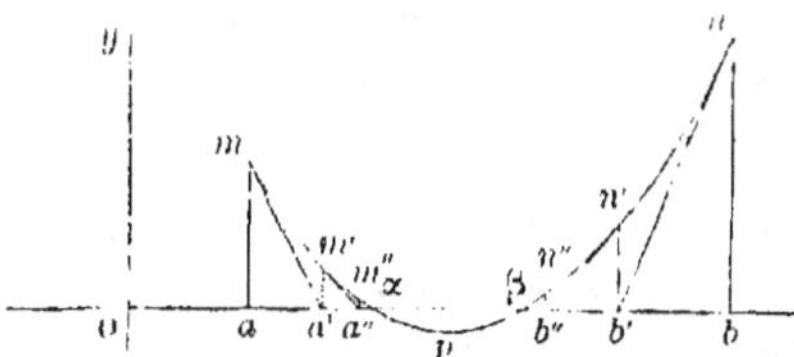

Fig. 1.

pond à l'intervalle de a à b, l'interprétation géométrique de nos hypothèses est que cet arc n'a aucun point d'inflexion et qu'il est concave dans toute son étendue vers le haut de la figure. En un certain point p de cet arc la tangente est paral-

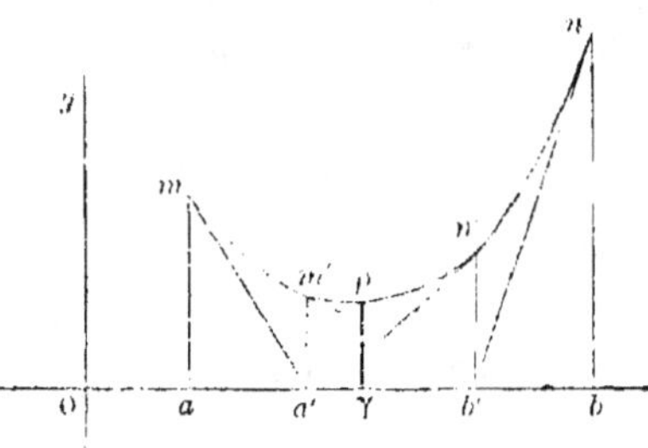

Fig. 2.

lèle à l'axe des abscisses et il n'existe qu'un seul point où cela ait lieu. Enfin les ordonnées extrêmes sont positives. On voit donc que cet arc est celui que représente la figure 1 ou la figure 2. Il s'agit de distinguer celle des deux constructions qui représente la fonction proposée dans l'intervalle des limites a et b (*).

10. Pour cela, menons des tangentes aux points m et n

(*) Cette question serait résolue si l'on connaissait la valeur exacte γ de l'abscisse du point p de minimum; car il suffirait de voir si le signe de $f(\gamma)$ est le même que celui de $f(a)$ et de $f(b)$. On pourrait prendre une valeur approchée de γ, mais quand les racines seraient imaginaires ou presque égales, cette valeur approchée ne pourrait plus servir, et la méthode serait en défaut.

dans la figure 2 jusqu'à la rencontre de l'axe des abscisses en
a' et b'; en ces points a' et b' élevons des ordonnées am'', $b'n'$;
aux points m', n' menons deux nouvelles tangentes jusqu'à
la rencontre de l'axe, etc. Il est évident qu'après une ou
plusieurs opérations, il arrivera nécessairement qu'on ne
pourra point tracer les tangentes sans qu'elles sortent de
l'intervalle ab, et la sous-tangente finira par devenir plus
grande que cet intervalle : cela n'aura jamais lieu dans la
figure 1. Chacune des sous-tangentes aa', $a'a''$, etc., sera
toujours moindre que l'intervalle ab, $a'b'$, etc. Il en sera de
même des sous-tangentes successives bb', $b'b''$, etc., comparées aux intervalles ba, $b'a'$, etc. De plus, la somme de
deux sous-tangentes aa', bb' sera toujours moindre que l'intervalle ab des deux limites. Il en sera de même de toutes les
sous-tangentes suivantes. C'est un caractère distinctif du cas
de la figure 1.

Ces conséquences seraient les mêmes si le point m' ne
répondait pas précisément à a' mais à un point voisin compris entre a' et a.

11. Les points b', a', où les tangentes en n et m rencon-
trent l'axe ont pour abscisses

$$b - \frac{f(b)}{f'(b)}$$

$$a - \frac{f(a)}{f'(a)}$$

Le caractère propre aux racines réelles est donc ainsi
exprimé

$$a - \frac{f(a)}{f'(a)} < b - \frac{f(b)}{f'(b)}$$

ou
$$\frac{f(b)}{f'(b)} + \frac{f(a)}{-f'(a)} < b - a$$

Donc si l'un des deux quotients

$$\frac{f(b)}{f'(b)}, \qquad \frac{f(a)}{f'(a)}$$

abstraction faite du signe, ou si leur somme surpasse ou
égale la différence $b-a$, on est assuré que les racines ne
sont pas réelles.

Dans le cas contraire, il faut diminuer l'intervalle ab des
deux limites en substituant dans $f(x)$ un nombre intermé-
diaire c compris entre a et b. Lorsque le signe de $f(c)$
n'est pas le même que le signe commun de $f(a)$ et de $f(b)$, les
deux racines sont réelles; l'une est comprise entre a et c,
l'autre entre c et b.

Si $f(c)$ a le même signe que $f(a)$ et $f(b)$, désignons par d
celle des limites a et b qui, étant substituée dans $f'(x)$, donne
un résultat de signe contraire à celui de $f(c)$, on voit que
l'équation

$$f(x) = 0$$

aura une racine réelle entre les nouvelles limites c et d, et
les deux racines dont la nature est encore incertaine doivent
être cherchées dans l'intervalle de c à d. On appliquera donc
la règle à ce second intervalle. Il est évident qu'en continuant
ainsi on finira par reconnaître que les racines sont imaginaires ou par les séparer si elles sont réelles, pourvu, toutefois, qu'elles soient inégales.

12. Si les deux suites $[a]$ et $[b]$ se terminaient ainsi

$$[a] = \ldots - + -$$
$$[b] = \ldots - - -$$

les autres hypothèses restant les mêmes, la construction serait celle des figures 3 et 4, mais on arriverait exactement à la même règle.

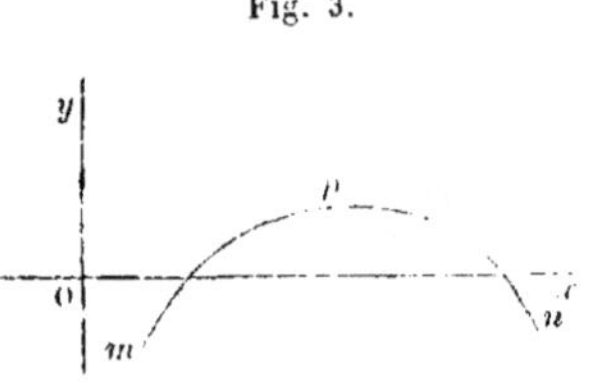

Fig. 3.

Fig. 4.

13. Cherchons maintenant une règle pour reconnaître, dans le cas le plus général, la nature des racines indiquées.

Pour cela nous comparerons les deux suites de la manière suivante : Nous compterons dans la suite $[a]$ combien il se trouve de variations depuis le premier terme $f^m(a)$ jusqu'au second, au troisième, au quatrième, etc. Nous marquerons au-dessus de chaque terme tel que $f^{m-i}(a)$ le nombre h de variations contenues dans la suite jusqu'au terme $f^{m-i}(a)$, y compris ce terme. Nous opérerons de même pour la suite $[b]$, en écrivant toutefois les nombres de variations au-dessous des termes de cette suite. Soit K le nombre de variations comptées dans la suite $[b]$ jusqu'au terme $f^{m-i}(b)$. Nous prendrons la différence $h - k$ et nous écrirons entre les deux termes $f^{m-i}(a)$, $f^{m-i}(b)$ cette différence que nous désignerons par δ et qui ne pourra jamais être négative. Nous formerons ainsi une série d'*indices* placés entre les termes de ces suites.

Exemples :

	0	1	2	2	2	3	3	4	4	5
$[a] =$	+	—	+	+	+	—	—	+	+	—
	0	0	1	1	1	2	1	2	2	3
$[b] =$	+	—	—	—	—	—	+	+	+	+
	0	1	1	1	1	1	2	2	2	2

Nous désignerons, en général, cette série par

$$0 \quad \delta \quad \delta' \quad \delta'' \quad \delta''' \quad . \quad . \quad . \quad . \quad \Delta$$

Le dernier indice Δ montre que l'équation proposée ne peut avoir entre les limites a et b plus de Δ racines réelles. En général, un indice quelconque δ qui correspond à $f^n(x)$ fait connaître que l'équation

$$f^n(x) = 0$$

ne peut avoir entre les limites a et b un nombre de racines plus grand que δ.

La valeur d'un indice quelconque étant désignée par δ, celle de l'indice suivant est δ ou $\delta - 1$, ou $\delta + 1$. Cela résulte de la formation de la série des indices.

Lorsque l'on a $\Delta = 0$, l'équation proposée n'a pas de racine entre a et b.

Si l'on a $\Delta = 1$, l'équation a une seule racine entre a et b, et cette racine est réelle. Il est facile de voir que si l'on diminue à volonté l'intervalle de a et b, on peut faire en sorte que l'indice correspondant à $f'(x)$ soit 0. En effet, l'équation proposée n'ayant qu'une seule racine réelle entre a et b, cette racine ne peut annuler $f'(x)$. On peut donc diminuer et ensuite augmenter la valeur de cette racine jusqu'à des limites a' et b' telles que l'équation

$$f'(x) = 0$$

ne puisse avoir aucune racine entre a' et b'.

14. Nous avons déjà traité le cas où les trois derniers indices à droite sont :

$$0 \quad 1 \quad 2$$

Dans les autres cas où l'on a $\Delta = 2$, ou si l'on a $\Delta > 2$, on procède comme il suit à la séparation des racines :

On parcourt la série des indices, à partir de la droite, jusqu'à ce que l'on trouve pour la première fois l'indice 1. Soit $f^n(x)$ la fonction qui répond à cet indice. On voit que l'équation

$$f^n(x) = 0$$

a une seule racine entre a et b.

L'indice 1, auquel on s'est arrêté, est nécessairement suivi de l'indice 2, à droite. En effet, il ne peut être suivi que de 1, 0 ou 2 ; car, en général, l'indice δ' qui suit l'indice δ ne peut être que δ, $\delta - 1$ ou $\delta + 1$. Or, cet indice suivant n'est pas 1, puisqu'on s'est arrêté au terme que l'on trouve égal à 1 pour la première fois. Si cet indice était 0, il faudrait que ces indices augmentassent dans la partie ultérieure de la série, puisque le dernier indice Δ est égal ou supérieur à 2. Donc l'indice passerait par la valeur 1, ce qui serait contraire à l'hypothèse.

D'un autre côté, si l'indice 1 auquel on s'est arrêté n'est pas précédé de zéro, on peut diminuer l'intervalle des limites a et b, en sorte que cette dernière condition soit remplie ; c'est-à-dire, en sorte que l'équation

$$f^{n+1}(x) = 0$$

n'ait aucune racine réelle entre les nouvelles limites a' et b' (n° 13).

Nous avons donc trois intervalles à considérer dans l'intervalle des limites a et b :

1° Celui de a à a', dans lequel l'équation

$$f^n(x) = 0$$

ne peut avoir aucune racine, puisque la seule racine réelle qu'elle ait entre les limites a et b est placée dans l'intervalle de a' à b'. Donc, pour l'intervalle de a à a', l'indice correspondant à $f^n(x)$ serait 0; et, s'il existe, à droite, un indice égal à 1, il se rapporte à une fonction plus avancée que $f^n(x)$ vers la droite.

2° Celui de b' à b, pour lequel on arrive aux mêmes con-séquences.

3° Celui de a' à b', pour lequel l'indice correspondant à $f^n(x)$ est 1. Il peut arriver que cet indice 1 ne soit plus le plus voisin de l'extrémité à droite. Dans ce cas, la séparation des racines est ramenée à droite de $f^n(x)$.

15. Si, au contraire, cet indice 1 est encore le plus voisin de l'extrémité à droite, il sera encore suivi de 2.

Par conséquent les indices correspondant aux fonctions

$$f^{n+1}(x) \qquad f^n(x) \qquad f^{n-1}(x)$$

sont $\qquad\qquad\quad 0 \qquad\qquad 1 \qquad\qquad 2$

L'équation

$$f^{n+1} = 0$$

ne peut avoir aucune racine entre a' et b'. L'équation

$$f^n(x) = 0$$

a, dans cet intervalle, une racine réelle et ne peut en avoir qu'une.

Quant à l'équation

$$f^{n-1}(x) = 0$$

elle ne peut pas avoir entre a' et b' plus de deux racines réelles, et l'on peut appliquer à cette équation la règle du n° 11, pour voir si les racines sont imaginaires.

Si elles sont réelles, elles sont séparées; et au lieu de l'intervalle des limites a' et b', on en considérera deux autres plus petits, ce qui donnera deux nouvelles séries d'indices dans chacune desquelles l'indice 1, le plus voisin de l'extrémité à droite, sera porté à droite de la fonction $f^n(x)$.

Mais si l'équation

$$f^{n-1}(x) = 0$$

manque de deux racines dans l'intervalle de a' à b', on en conclura qu'il en est de même de toutes les équations suivantes :

$$(1)\quad\left\{\begin{array}{l} f^{n-2}(x) = 0 \\ f^{n-3}(x) = 0 \\ f^{n-4}(x) = 0 \\ \quad\cdot\qquad\cdot \\ \quad\cdot\qquad\cdot \\ \quad\cdot\qquad\cdot \\ f''(x) = 0 \\ f'(x) = 0 \\ f(x) = 0 \end{array}\right.$$

En effet, l'équation

$$f^{n-1}(x) = 0$$

manque de deux racines, parce que la racine réelle de l'équation

$$f^n(x) = 0$$

étant substituée dans $f^{n+1}(x)$ et $f^{n-1}(x)$ donne deux résultats de même signe.

Donc la suite des signes perd deux variations lorsque l'on substitue à x le nombre qui rend nulle la fonction $f^n(x)$, et par conséquent chacune des équations (1) parmi lesquelles se trouve la proposée, manque de deux racines dans l'intervalle de a' à b'.

Il s'ensuit que dans chacun des indices correspondant aux fonctions

$$(2)\quad f^{n-1}(x),\ f^{n-2}(x),\ f^{n-3}(x)\ \ldots\ f''(x),\ f'(x),\ f(x)$$

il se trouve une partie égale à **2**, provenant des deux racines qui manquent dans l'intervalle de a' à b' dans les équations correspondantes.

On peut omettre cette partie égale à **2**. Il n'y a plus que la partie restante qui indique combien on doit encore chercher de racines dans l'intervalle des limites. Par conséquent, on retranchera **2** de chacun des indices correspondant aux fonctions (2); en sorte que celui de $f^{n-1}(x)$ deviendra 0, et l'indice 1, le plus voisin de l'extrémité à droite, sera porté à droite de la fonction $f^n(x)$.

En opérant de la même manière pour chacun des intervalles auxquels nous avons été ramenés, on parvient nécessairement à des séries d'indices dont le dernier Δ est 0 ou 1.

16. En considérant les trois fonctions

$$f^{n+1}(x)\qquad f^n(x)\qquad f^{n-1}(x)$$

dont les indices sont

$$0\qquad\qquad 1\qquad\qquad 2$$

Nous avons omis le cas où les deux racines de l'équation

$$f^{n-1}(x)=0$$

sont égales.

Lorsque ce cas se présentera, on examinera si la racine double fait évanouir toutes les fonctions

$$f^{n-2}(x),\ f^{n-3}(x),\ f^{n-4}(x),\ \ldots\ f'(x),\ f(x)$$

Alors l'équation proposée aurait $n + 1$ racines égales à
cette racine ; mais s'il n'y a pas de facteur commun à $f^{n-1}(x)$,
et à chacune des fonctions qui sont placées à sa droite, les
conséquences relatives à la nature des racines seront exactement les mêmes que si les deux racines de l'équation

$$f^{n-1}(x) = 0$$

étaient imaginaires (règle du double signe).

17. Nous appliquerons les théories précédentes aux deux
équations suivantes :

1°
$$x^6 - 12x^5 + 60x^4 + 123x^2 + 4567x - 89012 = 0$$

$$X' = 6x^5 - 60x^4 + 240x^3 + 246x + 4567$$

$$X'' = 30x^4 - 240x^3 + 720x^2 + 246$$

$$X''' = 120x^3 - 720x^2 + 1440x$$

$$X^{iv} = 360x^2 - 1440x + 1440$$

$$X^v = 720x - 1440$$

$$X^{vi} = 720$$

	X^{vi}	X^v	X	X'''	X''	X'	X	
$[-10] =$	$+$	$-$	$+$	$-$	$+$	$-$	$+$	une racine.
$[-1] =$	$+$	$-$	$+$	$-$	$+$	$-$	$-$	
$[0] =$	$+$	$-$	$+$	$\overset{-}{\underset{+}{0}}$	$+$	$+$	$-$	deux imaginaires (règle du double signe).
$[1] =$	$+$	$-$	$+$	$+$	$+$	$+$	$-$	trois racines indiquées, deux
	0	1	2	2	2	2	3	imaginaires (X^{iv} ayant deux racines égales qui n'annulent
$[10] =$	$+$	$+$	$+$	$+$	$+$	$+$	$+$	pas X).

$$2° \qquad x^5 + x^4 + x^3 - 2x^2 + 2x - 1 = 0$$

$$X' = 5x^4 + 4x^3 + 3x^2 - 4x + 2$$
$$X'' = 20x^3 + 12x^2 + 6x - 4$$
$$X''' = 60x^2 + 24x + 6$$
$$X^{IV} = 120x + 24$$
$$X^{V} = 120$$

```
               X^V X^IV X''' X'' X' X
[ -1  ]     =   +   -    +    -   +  -
[ -1/2 ]    =   +   -    +    -   +  -
                    36   9
                0   1    2    2   2  2
[  0  ]     =   +   +    +    -   +  -
                    24   6    4   2
                0   0    0    1   2  2
[ 1/2 ]     =   +   +    +    +   +  -
                    36  10
[  1  ]     =   +   +    +    +   +  +
```

deux racines indiquées

$\dfrac{9}{36} + \dfrac{6}{24} = \dfrac{1}{2}$ racines imaginaires.

deux racines indiquées $\dfrac{2}{4} = \dfrac{1}{2}$ imaginaires.

une racine.

DEUXIÈME PARTIE.

MÉTHODE D'APPROXIMATION.

---

18. Soient a et b deux nombres qui comprennent une seule racine de l'équation

$$f(x) = 0$$

Nous supposerons que les équations

$$f'(x) = 0$$
$$f''(x) = 0$$

n'ont aucune racine réelle entre a et b; ou, en d'autres termes que les trois derniers indices à droite sont

$$0 \qquad 0 \qquad 1$$

On pourra toujours faire ces hypothèses, à moins que la racine α de l'équation proposée n'annule $f'(x)$ ou $f''(x)$. Mais alors il y aurait un facteur commun $\varphi(x)$ entre $f(x)$ et $f'(x)$ ou entre $f'(x)$ et $f''(x)$, et la résolution de l'équation serait ramenée à celle d'un degré moindre.

19. Pour fixer les idées, supposons que les deux suites soient ainsi terminées

	$f''(x)$	$f'(x)$	$f(x)$
$[a] = \dots \dots$	$+$	$+$	$-$
	0	0	1
$[b] \quad \dots \dots$	1	1	1

et soit

$$x' = b - \beta$$

x' désignant la racine cherchée.

On aura

$$f(b - \beta) = 0$$

ou

$$f(b) - \beta f'(b - \theta\beta) = 0$$

d'où

$$\beta = \frac{f(b)}{f'(b - \theta\beta)}$$

$$\beta = \frac{f'(b)}{f''(x' \ldots b)}$$

$f''(x' \ldots b)$ désignant ce que devient la fonction $f''(x)$ lorsque l'on met à la place de la variable une certaine quantité comprise entre x et b.

On peut encore écrire

$$\beta = \frac{f'(b)}{f''(a \ldots b)}$$

car une quantité comprise entre x' et b est, à plus forte raison, comprise entre a et b.

On en conclut

$$x' = b - \frac{f(b)}{f''(a \ldots b)}$$

Les trois derniers indices relatifs aux suites $[a]$ et $[b]$ étant

$$0 \qquad 0 \qquad 1$$

il en résulte que la fonction $f''(x)$ ne change pas de signe dans l'intervalle de a à b; donc, dans le cas où nous nous sommes placés, elle reste toujours positive, et, par conséquent, la fonction $f'(x)$ est croissante, et, de plus, nous l'avons supposée constamment positive entre a et b. On a donc

$$f'(a) < f'(a \ldots b) < f'(b)$$

et, par conséquent,

$$x' < b - \frac{f(b)}{f'(b)} < b$$

Donc la valeur

$$b' = b - \frac{f(b)}{f'(b)}$$

est plus approchée que b et surpasse encore la racine.

20. Si l'on partait de a, on aurait, en posant

$$x' = a + \alpha$$
$$f(a + \alpha) = 0$$
$$f(a) + \alpha f'(a + \theta\alpha) = 0$$
$$\alpha = - \frac{f(a)}{f'(a \ldots x')}$$
$$\alpha = - \frac{f(a)}{f'(a \ldots b)}$$
$$x' = a - \frac{f(a)}{f'(a \ldots b)}$$

(le quotient $\dfrac{f(a)}{f'(a \ldots b)}$ étant évidemment négatif). On en dé-
duirait, comme précédemment

$$a < a - \frac{f(a)}{f'(b)} < x'$$

la valeur

$$a' = a - \frac{f(a)}{f'(b)}$$

serait donc plus approchée que a et encore moindre que la racine.

21. Les limites a et b sont donc remplacées par des limites plus voisines

$$a' = a - \frac{f(a)}{f''(b)}$$

$$b' = b - \frac{f(b)}{f'(b)}$$

qui donneront évidemment, comme les premières, les indices

$$0 \qquad 0 \qquad 1$$

On en déduira de même d'autres limites a'', b'', et ainsi de suite.

22. Pour mesurer la convergence de l'erreur, posons

$$b - a = i$$
$$b' - a' = i'$$

Nous avons trouvé

$$a' = a - \frac{f(a)}{f''(b)}$$

Remplaçons dans cette expression a par $b - i$, nous aurons

$$a' = b - i - \frac{f(b - i)}{f'(b)}$$

ou, en développant $f(b - i)$ jusqu'au troisième terme

$$a' = b - i - \frac{f(b) - if'(b) + \frac{i^2}{2} f''(a \ldots b)}{f'(b)}$$

on a d'ailleurs

$$b' = b - \frac{f(b)}{f'(b)}$$

De ces deux égalités, on tire :

$$b' - a' = i - \frac{f(b)}{f'(b)} + \frac{f(b)}{f'(b)} - i + i^2 . \frac{f''(a \ldots b)}{2f'(b)}$$

ou

$$i' = i^2 \frac{f''(a \ldots b)}{2f'(b)}$$

25. Interprétons les résultats précédents par la géométrie.

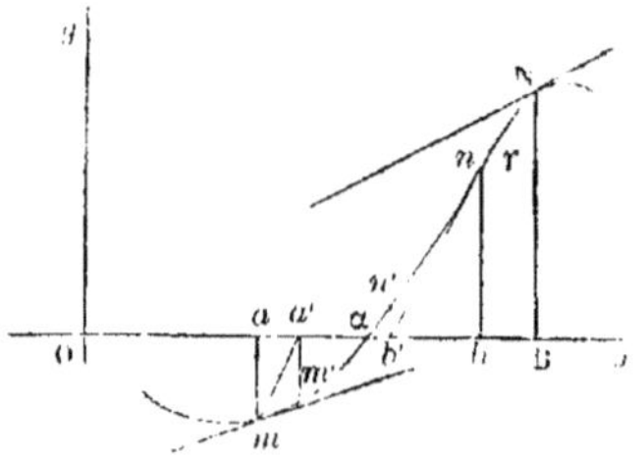

L'arc mn représente une partie de la courbe

$$y = f(x)$$

correspondant aux limites a et b. Cet arc n'a aucun point d'inflexion ni aucune sinuosité, et il tourne sa convexité vers le bas de la figure. Enfin l'arc est ascendant, et il ne rencontre l'axe des abscisses qu'au point α. Il est évident que le point b' où la tangente en n rencontre l'axe, est entre α et b.

D'où

$$O\alpha < Ob' < Ob$$

Si maintenant on mène par le point m une parallèle à la tangente nb', le point a' où cette parallèle coupe l'axe sera compris entre a et α, et l'on aura

$$Oa < Oa' < O\alpha$$

D'ailleurs il est facile de voir que l'on a :

$$Ob' = b - \frac{f(b)}{f'(b)}$$

$$Oa' = a - \frac{f(a)}{f'(b)}$$

On voit donc que la méthode revient à remplacer les limites
O*a*, O*b* par les limites O*a'*, O*b'*.

24. Si la première valeur OB à laquelle le calcul s'applique
correspond au point B, la tangente menée par le point N
peut rencontrer l'axe en un point fort éloigné du point α.
Dans ce cas, la règle de Newton peut ne plus répondre à la
question.

On voit aussi que si l'on partait du point *a*, la tangente
menée en *m* pourrait rencontrer l'axe en un point plus éloigné de α que ne l'était le point *b*.

25. La courbe n'est pas toujours disposée comme nous
l'avons supposée. Il faut, en général, distinguer quatre cas
que représentent les figures ci-jointes.

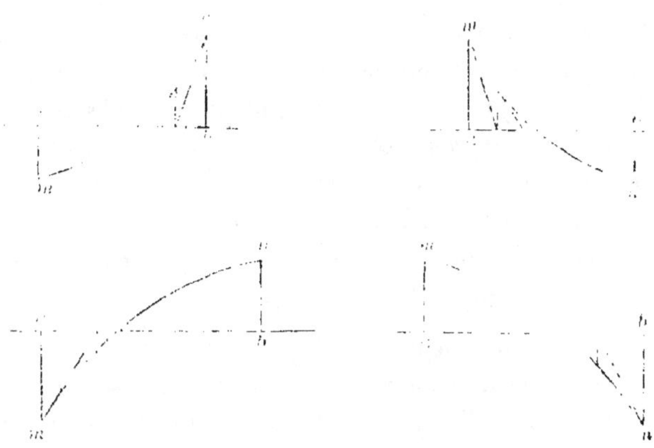

Le premier cas est celui que nous avons considéré. L'arc
est ascendant et concave vers le haut. La première tangente a
été menée par le point *n*.

Dans le second cas, l'arc est descendant et concave vers le
haut. La première tangente passe par le point *m*.

Dans le troisième cas, l'arc est ascendant et convexe, et la première tangente passe par le point m.

Dans le quatrième cas, l'arc est descendant et convexe, et la première tangente passe par le point n.

Ces quatre cas correspondent aux combinaisons suivantes pour les trois derniers signes des suites $[a]$ et $[b]$.

$$(1) \quad \begin{cases} [a] = \ldots \ldots + + - \\ [b] = \ldots \ldots + + + \end{cases}$$

$$(2) \quad \begin{cases} [a] = \ldots \ldots + - + \\ [b] = \ldots \ldots + - - \end{cases}$$

$$(3) \quad \begin{cases} [a] = \ldots \ldots - + - \\ [b] = \ldots \ldots - + + \end{cases}$$

$$(4) \quad \begin{cases} [a] = \ldots \ldots - - + \\ [b] = \ldots \ldots - - - \end{cases}$$

26. Pour distinguer celle des deux abscisses qui représente la limite que l'on doit choisir pour le calcul d'approximation, il suffit de remarquer que de l'extrémité de cette abscisse, on voit la convexité de mn. Cette limite peut être appelée *extérieure*, parce que le point qui la termine est hors de l'espace que renferme la courbe. L'autre limite est intérieure.

Il est facile de voir que la limite extérieure est celle qui donne le même signe à $f(x)$ et $f''(x)$.

27. Il serait long de calculer les deux limites a' et b' ; mais nous allons voir qu'il suffit de calculer l'une d'elles, par exemple, celle de Newton, et que l'on peut en déduire une seconde limite de la racine.

Pour cela, nous supposerons que les trois équations

$$f'(x) = 0$$
$$f''(x) = 0$$
$$f'''(x) = 0$$

n'aient aucune racine comprise entre les limites a et b qui,
par hypothèse, comprennent une seule racine de l'équation
proposée, en sorte que la série des indices soit ainsi terminée :

$$0 \quad 0 \quad 0 \quad 1$$

soit β la limite extérieure et α la limite intérieure, β' et α' les
nouvelles limites données par les formules

$$\beta' = \beta - \frac{f(\beta)}{f'(\beta)}$$

$$\alpha' = \alpha - \frac{f(\alpha)}{f'(\beta)}$$

En posant
$$\beta - \alpha = i$$
$$\beta' - \alpha' = i'$$

nous avons trouvé la relation :

$$i' = i^2 \frac{f''(\alpha \ldots \beta)}{2f'(\beta)}$$

Or, nous avons supposé que l'équation

$$f'''(x) = 0$$

n'a pas de racine entre α et β. Donc $f''(x)$ est une fonction
constamment croissante ou décroissante dans cet intervalle.
Il en est de même de $f'(x)$. Si donc l'on désigne par $f''(B)$ la
plus grande des deux quantités $f''(\alpha)$, $f''(\beta)$, et par $f'(a)$ la
plus petite des deux quantités $f'(\alpha)$, $f'(\beta)$ abstraction faite du
signe, le quotient

$$\frac{f''(B)}{2f'(a)}$$

sera nécessairement plus grand, en valeur absolue, que

$$\frac{f''(\alpha \ldots \beta)}{2f'(\beta)}$$

Donc enfin, on aura pour nouvelles limites de la racine

$$\beta - \frac{f(\beta)}{f'(\beta)}$$

et

$$\beta - \frac{f(\beta)}{f'(\beta)} - i^2 \frac{f''(B)}{2f'(\alpha)}$$

28. Pour déterminer avec certitude jusqu'à quel chiffre du quotient on doit continuer la division de $f(\beta)$ par $f'(\beta)$, on fera usage de la règle suivante :

On déterminera l'unité décimale immédiatement supérieure à la valeur absolue du quotient $\dfrac{f''(B)}{2f'(\alpha)}$. Soit $\dfrac{1}{10^k}$ cette unité décimale, l'exposant k pouvant être positif, négatif ou nul. Soit $\dfrac{1}{10^n}$ l'unité décimale qui est égale à la différence i des deux premières limites α et β. Il faudra, dans la division de $f(\beta)$ par $f'(\beta)$, s'arrêter au chiffre de l'ordre décimal $2n + k$, et augmenter ce chiffre d'une unité.

En effet, nous avons déduit des premières limites α et β, dont la différence est i, d'autres limites α', β', dont la différence est moindre que la valeur absolue de

$$i^2 \frac{f''(B)}{2f'(\alpha)}$$

Or, nous avons

$$i = \frac{1}{10^n}$$

$$i^2 = \frac{1}{10^{2n}}$$

et la valeur absolue de $\dfrac{f''(B)}{2f'(a)}$ est moindre que

$$\frac{1}{10^k}$$

Donc la différence des limites α' et β' est moindre que

$$\frac{1}{10^{2n+k}}$$

D'un autre côté, la limite désignée par β, et que l'on emploie pour former la valeur plus approchée β', en ajoutant à β le quotient $-\dfrac{f(\beta)}{f'(\beta)}$, est toujours la limite extérieure. Si nous supposons d'abord, pour fixer les idées, que cette limite β soit inférieure à la racine, il est évident que l'on s'éloignerait de la valeur de la racine en ajoutant à β, au lieu de la valeur exacte de la sous-tangente $-\dfrac{f(\beta)}{f'(\beta)}$, une valeur un peu trop faible, et que l'on s'approchera, au contraire, en prenant cette même sous-tangente un peu trop forte. D'ailleurs, en prenant la valeur de cette sous-tangente à moins d'une unité près de l'ordre décimal $2n+k$ par excès, on ajoute à la valeur exacte de β' une quantité qui ne peut surpasser $\dfrac{1}{10^{2n+k}}$ et qui, par conséquent, ne peut surpasser la différence des limites α', β'. On remplace donc β' par une autre valeur approchée β'' qui différera, à plus forte raison, de la racine d'une quantité moindre qu'une unité décimale de l'ordre $2n+k$.

On arriverait facilement au même résultat, si la limite β était supérieure à la racine.

29. La nouvelle valeur approchée β'' peut être plus grande ou plus petite que la racine. C'est ce que l'on reconnaîtra en substituant β'' dans $f(x)$. Si β'' surpasse la racine, on retranchera une unité du dernier chiffre décimal, et l'on aura ainsi la seconde limite α'', inférieure à la racine. Si, au contraire, la limite β'' est moindre que la racine, on ajoutera une unité au dernier chiffre décimal. On a donc deux nouvelles limites α'', β'', qui ne diffèrent plus l'une de l'autre que de

$$\frac{1}{10^{2n+k}}$$

En appliquant la même méthode à ces deux limites, on en trouvera deux autres qui différeront de

$$\frac{1}{10^{4n+3k}}$$

Après une troisième opération, la différence ne sera plus que

$$\frac{1}{10^{8n+7k}}$$

et ainsi de suite.

50. Le procédé d'approximation ne commence à avoir un cours régulier et rapide que si l'on a

$$2n + k > n$$
$$\text{ou} \qquad n > -k$$
$$\text{ou} \qquad n \gtreqqless 1 - k$$

Si cette condition n'est pas satisfaite, il faut rapprocher les limites jusqu'à ce que leur différence $\dfrac{1}{10^n}$ soit telle que l'on ait

$$n \gtreqqless 1 - k$$

Remarque. Nous avons regardé l'exposant k comme un nombre constant. Il peut arriver quelquefois que sa valeur devienne plus grande, lorsque les limites se rapprochent. L'approximation devient alors plus rapide.

31. Nos lecteurs trouveront plus loin de nombreuses applications de cette méthode aux équations transcendantes.

En l'appliquant au calcul de la racine réelle de l'équation

$$x^3 - 2x - 5 = 0$$

Fourrier trouve :

$$2{,}09455148154232659148238654057930$$

Nous engageons nos lecteurs à voir le type du calcul dans l'ouvrage de Fourier. (*Analyse des Équations*, page 209.)

APPLICATION DE LA MÉTHODE DE FOURIER

A LA

RÉSOLUTION DES ÉQUATIONS TRANSCENDANTES,

PAR M. STERN.

---

1. Pour trouver les racines réelles d'une équation transcendante, de même que celles d'une équation algébrique, il faut chercher d'abord à séparer ces racines, puis resserrer de plus en plus les limites entre lesquelles chacune d'elles est contenue. Mais une fonction algébrique est toujours continue, et, par conséquent, ne peut passer du positif au négatif ou réciproquement sans passer d'abord par zéro, tandis qu'une fonction transcendante peut être discontinue, c'est-à-dire qu'il peut arriver que, pour certaines valeurs d'x, un accroissement infiniment petit de la variable produise un accroissement fini ou infiniment grand dans la fonction. Dans ce cas, on ne considère que les intervalles dans lesquels la fonction reste continue, et l'on peut alors appliquer aux équations transcendantes le principe suivant :

Étant donné l'équation,

$$f(x) = 0$$

Si l'on substitue à x les valeurs x_1 et x_2, et que $f(x_1)$ et $f(x_2)$ aient des signes contraires, il y a une ou plusieurs racines de cette équation entre les limites x_1 et x_2.

S'il n'y a aucune racine réelle de l'équation entre ces limites, $f(x_1)$ *et* $f(x_2)$ *ont le même signe.*

La démonstration de ce principe est connue : elle résulte immédiatement de la définition de la continuité.

2. La proposition suivante est tout aussi connue, et nous en ferons plus tard un fréquent usage.

Lorsqu'une fonction $f(x)$ *et ses dérivées* $f'(x)$, $f''(x)$, $f'''(x)$ . . . . *sont continues entre* x *et* $x + h$, *on a*

$$f(x + h) = f(x) + hf'(x + \theta h)$$

$$f(x + h) = f(x) + hf'(x) + \frac{h^2}{1.2} f''(x + \theta_1 h)$$

$$f(x + h) = f(x) + hf'(x) + \frac{h^2}{1.2} f''(x) + \frac{h^3}{1.2.3} f'''(x + \theta_2 h)$$

etc. , etc. ,

θ, θ_1, θ_2 désignant des quantités moindres que l'unité.

Cette proposition est encore vraie dans le cas où $f(x)$ est une fonction continue imaginaire.

3. Ces préliminaires posés, je vais d'abord montrer comment on peut séparer les racines réelles des équations transcendantes. Bien que je doive supposer connus les travaux de Fourier sur la théorie des équations algébriques, je vais d'abord indiquer, pour plus de clarté, la méthode de séparation.

Soit une équation algébrique :

$$f(x) = x^m + \mathrm{A}_1 x^{m-1} + \mathrm{A}_2 x^{m-2} + \ldots \ldots + \mathrm{A}_m = 0$$

formons les dérivées successives

$$f'(x), \ f''(x), \ f'''(x) \ \ldots \ \ldots \ f^m(x)$$

Cette dernière dérivée sera une constante. Substituons à x

un nombre quelconque a dans les expressions

$$f^m(x), \ f^{m-1}(x) \ \ldots \ldots \ldots \ f'(x), \ f(x)$$

Écrivons les signes des résultats, dans leur ordre, sur une ligne horizontale, et désignons par $[a]$ cette suite de signes. La suite $[-\infty]$ ne renfermera que des variations, la suite $[\infty]$ ne renfermera que des permanences. La suite perd ses variations lorsque l'on passe de $-\infty$ à $+\infty$, sans jamais retrouver une variation perdue, ou sans jamais en acquérir de nouvelles. En effet, lorsque l'on substitue un nombre a qui annule $f(x)$, la série perd une variation qui ne peut plus revenir. Mais la suite peut également perdre des variations, quand une ou plusieurs dérivées deviennent nulles sans que $f(x)$ le soit. Dans ce cas, le nombre des variations perdues est toujours pair, et chaque couple de variations perdues correspond à deux racines imaginaires. On a donc un moyen de distinguer si la perte des variations correspond à des racines réelles ou à des racines imaginaires. Ainsi, α et β étant deux nombres réels, et β plus grand que α, si l'on trouve que la suite $[\alpha]$ renferme n variations de plus que $[\beta]$, on en conclura qu'il y a n racines entre α et β, et il ne restera plus qu'à chercher s'il y a effectivement des racines réelles entre ces limites, et combien il y en a, ou si la perte des variations provient de racines imaginaires.

4. Ce qui caractérise une fonction entièrement algébrique, c'est que parmi ses dérivées successives il s'en trouve toujours une de valeur constante. Grâce à cette propriété, il est toujours possible de déterminer le nombre des variations dans les deux suites $[\alpha]$ et $[\beta]$, et d'en déduire des racines comprises entre α et β. Dans les fonctions transcendantes, au contraire, la série des dérivées n'offre jamais un terme con-

stant, et, par conséquent, on ne peut déterminer immédiatement combien il y a de racines entre deux limites données, même dans le cas où la fonction transcendante, qui forme le premier membre de l'équation, est continue entre ces limites. Cependant on peut, dans ce cas, employer un procédé analogue au précédent pour découvrir avec certitude les racines réelles comprises entre $-\infty$ et $+\infty$, en partageant cet intervalle en intervalles plus petits, satisfaisant à une condition que nous allons énoncer. On peut, en effet, trouver pour toute fonction transcendante $f(x)$, une dérivée $f^m(x)$ qui ne change pas de signe entre α et β; cette dérivée joue, entre ces limites, le même rôle que la dérivée constante dans les équations algébriques; elle sert à déterminer combien l'équation

transcendante $$f(x) = 0$$

a de racines entre α et β.

Il est facile de voir que l'on peut toujours trouver une telle dérivée, car l'équation donnée est supposée déterminée. Je veux dire que, pour chaque valeur γ d'x, on peut déterminer la valeur de $f(\gamma)$, soit exactement, soit avec une approximation aussi grande que l'on veut, comme dans le cas où $f(x)$ est une série convergente. Si $f(x)$ était une fonction indéterminée, nous n'aurions pas à résoudre l'équation

$$f(x) = 0$$

Les dérivées successives de $f(x)$ doivent donc être nécessairement des fonctions déterminées. Il sera facile de voir si l'une d'elle est positive ou négative pour une valeur donnée $x = \alpha$, et si on la suppose continue dans l'intervalle que l'on considère, on pourra toujours déterminer un accroissement de la variable x, tel que cette dérivée $f^m(x)$ ne change pas de signe depuis $x = \alpha$ jusqu'à $x = \alpha + \delta$. On peut ensuite déterminer, de la même manière que pour les équations algébriques, combien l'équation a de racines dans l'intervalle. Il n'y a donc qu'une modification à introduire dans la formation des suites. On les forme ordinairement en écrivant toutes les dérivées en commençant par la dernière, puis en substituant α. On trouve ainsi une série de signes que nous avons appelée la suite [α].

Mais, dans les équations transcendantes, on cherche d'abord une dérivée qui conserve toujours le même signe entre les limites α et β (nous supposons la valeur relative de β supérieure à celle de α). On écrit sur une ligne horizontale cette dérivée, puis la dérivée d'ordre immédiatement inférieure, et ainsi de suite jusqu'à $f(x)$, et l'on substitue dans toutes ces fonctions une valeur a comprise entre α et β.

Nous désignerons encore par [a] la série de signes qui en résulte. Nous appellerons aussi, pour abréger, *limites déterminantes*, les deux limites entre lesquelles une dérivée donnée ne change pas de signe, et nous donnerons le nom de *déterminante* à cette dérivée elle-même.

S'il n'y a entre α et a aucun nombre qui annule la fonction ou l'une des dérivées que l'on considère, il est évident que la suite [a] et la suite [α] sont identiques ; car nous supposons que la fonction et ces dérivées sont continues entre les limites déterminantes.

5. Considérons le cas où a annule $f(x)$, et n'annule aucune des autres fonctions. Substituons dans toutes les fonctions de la série les trois valeurs

$$a - h \qquad a \qquad a + h$$

Les trois suites correspondantes ne diffèrent que par le

dernier signe. En effet h est arbitraire, et par hypothèse, a n'annule que $f(x)$. On peut donc prendre h assez petit pour qu'aucune des autres fonctions ne change de signe entre les limites $a - h$ et $a + h$. Mais $f(a + h)$ sera positif ou négatif, suivant que $f'(a)$ sera positif ou négatif et l'inverse aura lieu pour $f(a - h)$.

Donc, si $f'(a)$ est positif, on aura

$$
\begin{aligned}
[a - h] &= \ldots \ldots \ldots + - \\
[a] &= \ldots \ldots \ldots + 0 \\
[a + h] &= \ldots \ldots \ldots + +
\end{aligned}
$$

Si $f'(a)$ est négatif, on aura

$$
\begin{aligned}
[a - h] &= \ldots \ldots \ldots - + \\
[a] &= \ldots \ldots \ldots - 0 \\
[a + h] &= \ldots \ldots \ldots - -
\end{aligned}
$$

Dans les deux cas, la suite $[a + h]$ a une variation de moins que la suite $[a - h]$, a étant racine de l'équation

$$
f(x) = 0
$$

6. Si, au contraire, le nombre a, compris entre les limites déterminantes, réduit à zéro une des dérivées et une seule, par exemple, $f''(x)$, les trois suites $[a-h]$, $[a]$, $[a+h]$, auront les mêmes signes jusqu'à $f''(x)$; il suffit donc d'examiner les trois fonctions

$$
f^{n+1}(x), \qquad f^{n}(x), \qquad f^{n-1}(x)
$$

Si $f^{n+1}(a)$ reste positif, $f^{n}(a - h)$ sera négatif et $f^{n}(a - h)$ positif. L'inverse aura lieu si $f^{n+1}(a)$ est négatif. D'un autre côté, $f^{n-1}(a)$ peut être positif ou négatif. De là les quatre combinaisons suivantes :

$$
(1)\quad
\begin{cases}
[a-h] = \ldots\ldots + - + \ldots\ldots \\
[a] = \ldots\ldots + \; 0 \; + \ldots\ldots \\
[a+h] = \ldots\ldots + + + \ldots\ldots
\end{cases}
$$

$$
(2)\quad
\begin{cases}
[a-h] = \ldots\ldots - + - \ldots\ldots \\
[a] = \ldots\ldots - \; 0 \; - \ldots\ldots \\
[a+h] = \ldots\ldots - - - \ldots\ldots
\end{cases}
$$

$$
(3)\quad
\begin{cases}
[a-h] = \ldots\ldots - + + \ldots\ldots \\
[a] = \ldots\ldots - \; 0 \; + \ldots\ldots \\
[a+h] = \ldots\ldots - - + \ldots\ldots
\end{cases}
$$

$$
(4)\quad
\begin{cases}
[a-h] = \ldots\ldots + - - \ldots\ldots \\
[a] = \ldots\ldots + \; 0 \; - \ldots\ldots \\
[a+h] = \ldots\ldots + + - \ldots\ldots
\end{cases}
$$

Nous n'avons écrit que les signes des dérivées $f^{a+1}(x)$, $f^{n}(x)$, $f^{n-1}(x)$.

Dans les deux premiers cas, où $f^{n+1}(a)$ et $f^{n-1}(a)$ sont de même signe, la suite $[a+h]$ a deux variations de moins que la suite $[a-h]$. Dans les deux autres cas, ces deux suites ont le même nombre de variations.

7. Il reste à examiner le cas où le nombre a annule plusieurs fonctions consécutives de la série. Fourier l'a exposé en détail pour les équations algébriques. Je me contenterai, à cause de l'analogie, d'énoncer le résultat auquel on arriverait pour les équations transcendantes.

Supposons que a annule les i fonctions

$$
f^{n}(x) \quad f^{n-1}(x) \quad \ldots\ldots \quad f^{n-i+1}(x)
$$

et que i soit pair. La suite [a+h] *renferme i variations de moins que* [a-h].

Dans le cas de i impair, la suite [a+h] *a* i+1 *ou* i-1

variations de moins que [a — h], *suivant que* $f^{n-1}(a—h)$ *et*
$f^{n-1}(a—h)$ *sont de même signe ou de signes contraires.*

*Enfin, si a fait évanouir plusieurs groupes de fonctions,
soit i fonctions à un endroit, puis i' à un autre, etc., il faut
appliquer les règles précédentes à chaque groupe, et l'on trouve
ainsi le total des variations perdues.*

8. Ce qui précède nous donne le moyen de trouver le
nombre des racines réelles de l'équation

$$f(x) = 0$$

entre les limites déterminantes α et β.

En effet, s'il n'y a entre α et β aucun nombre qui réduit à
zéro une ou plusieurs fonctions de la série, les suites [α]
et [β] sont identiques. Dans le cas contraire, la suite [β] a
moins de variations que la suite [α], et si l'on suppose que x
aille en croissant, le nombre des variations ne peut que
diminuer. Les variations perdues ne peuvent jamais repa-
raître, ni de nouvelles variations se former.

S'il y a n racines réelles entre α et β, la suite [β] doit avoir
au moins n variations de moins que la suite [α]; car si l'on
désigne les racines dans leur ordre de grandeur par

$$\alpha_1, \quad \alpha_2, \quad \alpha_3, \quad \ldots\ldots$$

la suite [$\alpha_1 + h$] aura au *moins* une variation de moins que la
suite [α]. De même la suite [$\alpha_2 + h$] en aura au moins une de
moins que [$\alpha_1 + h$] et ainsi de suite.

La réciproque n'est pas vraie : de ce que la suite [β] renferme n variations de moins que [α], on ne peut en conclure
qu'il y a n racines réelles entre α et β. En effet, la perte des
variations peut aussi provenir de ce que l'une ou plusieurs

des dérivées de $f(x)$ sont réduites à zéro par une valeur comprise entre α et β, et qui n'annule pas $f(x)$.

Toutefois, si n est impair, on peut être certain qu'il y a au moins une racine réelle entre α et β; car si les dérivées s'annulaient seules, la perte des variations serait un nombre pair ou serait nulle.

9. La perte des variations correspond-elle à des valeurs de x qui annulent $f(x)$, ou bien à des valeurs qui annulent une ou plusieurs dérivées? Fourier a donné une règle pour reconnaître lequel des deux cas a lieu lorsque l'équation est algébrique. Mais sa démonstration repose sur des considérations géométriques. Je vais en donner une démonstration analytique qui sera applicable aux équations transcendantes, aussi bien qu'aux équations algébriques.

Supposons d'abord qu'il n'y ait que deux variations de perdues, et que le seul signe qui change fasse partie des deux derniers signes de la suite. Il ne peut se présenter que les deux combinaisons suivantes :

$$(1) \quad \begin{cases} [\alpha] = \ldots \ldots + - + \\ [\beta] = \ldots \ldots + + + \end{cases}$$

$$(2) \quad \begin{cases} [\alpha] = \ldots \ldots - + - \\ [\beta] = \ldots \ldots - - - \end{cases}$$

Dans les deux cas l'équation

$$f''(x) = 0$$

n'a pas de racine entre α et β; puisque, par hypothèse, si l'on fait abstraction des deux derniers signes, la suite $[\alpha]$ n'a pas plus de variations que la suite $[\beta]$. On peut donc prendre $f''(x)$ pour fonction déterminante. D'un autre côté, l'équation

$$f'(x) = 0$$

a une racine entre α et β.

Quant à l'équation

$$f(x) = 0$$

elle peut n'avoir aucune racine entre α et β, ou en avoir deux (nous sous-entendons que cette équation n'a pas de racines égales entre α et β).

Considérons d'abord la première combinaison. Soit a la racine de l'équation

$$f'(x) = 0$$

comprise entre α et β.

La suite $[a]$ se terminerait par

$$+ \qquad 0 \qquad -$$

si l'équation $\qquad\qquad f(x) = 0$

avait deux racines réelles entre α et β; car si la suite $[a]$ se terminait par

$$+ \qquad 0 \qquad +$$

il est évident qu'il n'y aurait pas de racines. On aurait, en effet,

$$[a - h] = \ldots\ldots + - +$$
$$[a + h] = \ldots\ldots + + +$$

les deux variations se perdraient donc entre $a - h$ et $a + h$, valeurs qui, par hypothèse, ne comprennent aucune racine de l'équation

$$f(x) = 0$$

Nous aurons donc nécessairement

$$[\alpha] \qquad = \ldots\ldots + - +$$
$$[a - h] = \ldots\ldots + - -$$
$$[a + h] = \ldots\ldots + + -$$
$$[\beta] \qquad = \ldots\ldots + + +$$

Donc il y a une racine réelle entre α et $a + h$, et une autre entre $a + h$ et β. Soit x_1 la plus petite racine, et posons

$$x_1 = \alpha + b$$

soit x_2 la plus grande racine, et posons

$$x_2 = \beta - b'$$

On en tire (paragr. 2)

$$f(\alpha + b) = f(\alpha) + bf'(\alpha + \theta b)$$

ou

$$f(\alpha + b) = f(\alpha) + (x_1 - \alpha)f'[\alpha + \theta(x_1 - \alpha)]$$

θ étant moindre que l'unité.

D'où l'on tire

$$x_1 = \alpha - \frac{f(\alpha)}{f'(\alpha + \theta b)}$$

On trouvera de la même manière

$$x_2 = \beta - \frac{f(\beta)}{f'(\beta - \theta' b')}$$

Comme $f'(x)$ est continue entre α et β, la valeur de cette fonction est négative pour x variant de α à a, et la valeur absolue de $f'(x)$ diminue de plus en plus. Par la même raison, cette fonction reste positive, et va en augmentant lorsque x varie de a à β. On a donc, en valeur absolue,

$$f'(\alpha + \theta b) > f'(\alpha)$$
$$f'(\beta - \theta' b') < f'(\beta)$$

d'où

$$x_1 > \alpha - \frac{f(\alpha)}{f'(\alpha)}$$
$$x_2 < \beta - \frac{f(\beta)}{f'(\beta)}$$

et, à plus forte raison,

$$\alpha - \frac{f(\alpha)}{f'(\alpha)} < \beta - \frac{f(\beta)}{f'(\beta)}$$

d'où

$$\frac{f(\beta)}{f'(\beta)} + \frac{f(\alpha)}{-f'(\alpha)} < \beta - \alpha.$$

La seconde combinaison conduira au même résultat, si l'on observe que dans ce cas, la suite [a] doit se terminer par

$$- \qquad 0 \qquad +$$

a désignant la racine de l'équation

$$f'(x) = 0$$

comprise entre α et β.

Donc enfin, nous pouvons poser la règle suivante :

Pour que l'équation

$$f(x) = 0$$

ait deux racines réelles entre α et β, dans le cas où les trois derniers termes de la série perdent deux variations, les autres termes conservant leur signe, il faut que la somme des quotients

$$\frac{f(\beta)}{f'(\beta)} \qquad \frac{f(\alpha)}{-f'(\alpha)}$$

soit moindre que la différence des limites.

Si cette condition n'est pas remplie, on peut admettre avec certitude qu'il n'y a pas de racine entre α et β.

La condition que nous venons d'énoncer n'est pas suffisante, mais lorsqu'elle sera satisfaite, on rapprochera les limites. On substituera à x une valeur c comprise entre α et β. Si $f(c)$ n'a pas le même signe que $f(\alpha)$ et $f(\beta)$, on en conclura qu'il y a une racine entre α et c, et une entre c et β. Mais si le contraire a lieu, soit δ celui des deux nombres α et β, qui est tel que $f'(\delta)$, soit de signe contraire à $f'(c)$. Les deux racines réelles, si elles existent, se trouvent entre c et δ. On appliquera à ces limites le même procédé qu'à α et β, et en continuant ainsi, on finira par découvrir qu'il n'y a pas de racines réelles entre α et β, ou, dans le cas contraire, on arrivera à la séparation des racines.

Jusqu'ici la fonction déterminante était $f''(x)$; lorsque c'est une dérivée d'ordre plus élevé, il peut y avoir plus de deux variations de perdues, et elles peuvent se perdre autre part que dans les deux derniers signes. Fourier a prouvé, pour les équations algébriques, que la même règle peut s'appliquer dans tous les cas; il en est de même lorsque l'équation est transcendante. Je crois donc superflu d'entrer dans plus de détails à ce sujet.

10. Nous n'avons pas encore parlé du choix des limites entre lesquelles on cherche des racines simples réelles. Il faut prendre tous les intervalles compris entre $-\infty$ et $+\infty$, tels que l'une des dérivées conserve le même signe pour toutes les valeurs d'x comprises dans l'un des ces intervalles. On trouve ensuite combien il y a de racines dans chacun d'eux. Les exemples suivants achèveront d'éclaircir la méthode. Je n'ajouterai qu'une remarque. Comme une fonction algébrique $f(x)$ de degré m est le produit de m facteurs simples correspondants aux m quantités réelles ou imaginaires qui annulent la fonction, les variations perdues qui ne correspondent pas à des racines réelles de l'équation

$$f(x) = 0$$

correspondent à des racines imaginaires. La suite, en effet, perd toujours m variations de $-\infty$ à $+\infty$, et chaque variation perdue correspond à une racine ; donc toute variation perdue qui ne correspond pas à une racine réelle indique une racine imaginaire. Il n'en est pas de même, *en général*, dans les équations transcendantes. En effet, une fonction transcendante $\varphi(x)$ n'est pas toujours le produit de facteurs simples correspondant aux racines de l'équation

$$\varphi x = 0.$$

Il suit de là que, si entre deux limites déterminantes, il y a plus de variations perdues que de racines réelles, on ne peut en conclure que l'équation a des racines imaginaires.

11. Les racines une fois séparées, le calcul d'approximation se poursuit comme pour une équation algébrique. On peut appliquer la méthode de Newton, perfectionnée par Fourier, en faisant usage de la formule de Taylor, et procédant comme le fait Fourier. Je ne ferai que résumer brièvement les règles du calcul pour mieux faire comprendre les applications que l'on trouvera plus loin.

On cherche d'abord des limites assez rapprochées pour qu'elles comprennent une seule racine de l'équation

$$f(x) = 0$$

et aucune racine des équations

$$f'(x) = 0$$
$$f''(x) = 0.$$

Il est toujours possible de satisfaire à ces conditions lorsque $f'(x)$ et $f''(x)$ n'ont pas de facteur commun avec $f(x)$, sinon, il faudrait d'abord se débarrasser de ce facteur. Ces limites α, β une fois trouvées, il y en aura un qui rendra $f''(x)$ de même signe que $f(x)$. Nous l'appellerons *la limite extérieure*. Si nous la désignons par δ, les quantités

$$\alpha - \frac{f(\alpha)}{f'(\delta)}$$

$$\beta - \frac{f(\beta)}{f'(\delta)}$$

seront deux nouvelles valeurs plus approchées de la racine, la première par défaut et la seconde par excès. On opérera sur ces nouvelles limites comme sur α et β, et ainsi de suite.

On abrége le calcul de la manière suivante :

Supposons que l'on arrive à des limites α et β dont la différence soit égale à $\dfrac{1}{10^n}$. On prendra celle des deux quantités $f''(\alpha)$, $f''(\beta)$ qui a la plus grande valeur absolue, on la divisera par celle des deux quantités $2f'(\alpha)$, $2f'(\beta)$ qui a la plus petite valeur absolue.

Soit $\dfrac{1}{10^k}$ l'unité décimale immédiatement supérieure à ce quotient. Si l'on a

$$n < 1 - k$$

il faudra resserrer les limites jusqu'à ce que l'on trouve

$$n \gtreqless 1 - k$$

Soit β la limite extérieure. On développera le quotient

$$\frac{f(\beta)}{f'(\beta)}$$

jusqu'à la $(2n + k)^{ième}$ décimale inclusivement. On augmentera d'une unité le dernier chiffre, et l'on ajoutera ce quotient à β, ou on le retranchera de β suivant que $f(\beta)$ et $f'(\beta)$ sont de signes contraires ou de même signe.

La nouvelle valeur β′ ainsi obtenue peut être approchée par défaut ou par excès. Il faut la substituer dans $f(x)$ pour connaitre le sens de l'erreur,; mais, dans tous les cas, cette erreur est moindre que $\dfrac{1}{10^{2n+k}}$, et, par conséquent, on trouvera une seconde limite de la racine en augmentant ou diminuant d'une unité la dernière décimale de β′.

En continuant ainsi, on trouvera successivement des valeurs exactes jusqu'à la décimale de rang $4n + 3k$, $8n + 7k$, etc.

III. *Exemples.*

12. Conformément au programme qui m'a été tracé, je vais éclaircir ce qui précède par la résolution de quelques équations transcendantes. Je ferai remarquer, seulement, qu'il sera presque toujours plus avantageux de prendre pour fonction déterminante la dérivée seconde, après avoir cherché les intervalles dans lesquels elle ne change pas de signe. Les dérivées d'ordre supérieur seraient ordinairement plus compliquées, et il serait plus difficile d'en étudier les variations. Toutefois, lorsque le premier membre de l'équation sera la somme de fonctions transcendantes et de fonctions algébriques de degré m, il vaudra mieux prendre les dérivées d'ordre $(m + 1)$.

Si l'on a, par exemple, l'équation

$$f(x) = \sin x + 5x^3 - 4x^2 + 3x - 6 = 0$$

il faudra chercher la dérivée du 4e ordre, qui est égale à $\sin x$, et la prendre pour fonction déterminante.

15. Sous le rapport de la difficulté, je distinguerai plusieurs classes d'équations transcendantes :

Les plus faciles à résoudre sont les équations dont tous les termes sont des produits de constantes par des puissances entières ou fractionnaires d'une seule et même fonction transcendante.

Telles sont les équations suivantes :

$$(1) \quad A\sin^{\alpha}x + B\sin^{\beta}x + C\sin^{\gamma}x + \ldots + M\sin^{\mu}x = 0$$

$$(2) \quad Ae^{\alpha t} + Be^{\beta t} + Ce^{\gamma t} + \ldots + Me^{\mu t} = 0$$

$A, B, C, \ldots M, \alpha, \beta, \gamma, \ldots \mu$, étant des constantes réelles, entières ou fractionnaires. Pour les résoudre, il suffira de remplacer $\sin x$, dans la première, ou e^t dans la seconde, par une nouvelle indéterminée y, ce qui donnera

$$(3) \quad Ay^{\alpha} + By^{\beta} + Cy^{\gamma} + \ldots + My^{\mu} = 0$$

On peut comprendre dans cette classe l'équation

$$(4) \quad Aa^x + Bb^x + Cc^x + \ldots + Mm^x = 0$$

$A, B, \ldots M$ étant des constantes arbitraires, et $a, b, c, \ldots m$ des quantités positives. Pour résoudre cette équation, il suffit de poser

$$a = e^{\beta} \quad b = e^{\delta} \quad c = e^{\gamma} \quad \ldots$$

et l'équation (4) sera ramenée à l'équation (2).

Si les exposants $\alpha, \beta, \gamma, \ldots$ sont entiers et positifs, l'équation (3) est une équation algébrique ordinaire. S'il y en a qui soient négatifs ou fractionnaires, il est inutile de faire disparaître les radicaux et les dénominateurs. On résout immédiatement l'équation par la méthode de Fourier. Sturm a fait, à ce sujet, un mémoire qui peut-être a été publié ; je

puis donc renvoyer le lecteur aux remarques de ce géo-
mètre (*).

14. Je considérerai, en second lieu, les équations transcendantes dans lesquelles une dérivée du premier membre
est algébrique. Exemple :

$$x\mathrm{L}x - \mathrm{L}100 = 0.$$

équation traitée par Euler (**).

On trouve, en prenant les logarithmes dans le système
népérien

$$f(x) = x\mathrm{L}x - \mathrm{L}100$$
$$f'(x) = \mathrm{L}x + 1$$
$$f''(x) = \frac{1}{x}.$$

Comme $f''(x)$ est positive entre les limites $x = 0$, $x = \infty$,
prenons cette dérivée pour fonction déterminante entre ces
limites. Lorsque x croît, $\mathrm{L}x$ croît aussi; donc il ne peut y
avoir entre ces limites qu'une seule racine de l'équation

$$f(x) = 0.$$

Posons $x = 3$, puis $x = 4$. Nous aurons

[3] = +	+	−
$\frac{1}{3}$	2,098	1,3093 …
[4] = +	+	+
$\frac{1}{4}$	2,386	0,940

(*) *Bulletin des sciences*, par Férussac, sect. ı, tome II, 1829.
(**) Instit. calc. diff., tome II, § 243.

La racine est donc entre 3 et 4.

Maintenant on a

$$4 - 3 = \left(\frac{1}{10} \right)^0$$

$$\frac{\frac{1}{3}}{2 \times 2{,}098} = 0{,}07 \ldots$$

Donc on a (paragr. 18)

$$k = 1$$
$$u = 0$$
$$n = 1 - k$$

Les limites sont donc assez rapprochées pour le calcul d'approximation. La limite extérieure est ici 4.

Il faut donc prendre

$$\frac{f(4)}{f'(4)} \qquad \text{ou} \qquad \frac{0{,}940 \ldots}{2{,}386 \ldots}$$

Or, on a

$$2n + k = 1$$

Donc, il faut chercher le quotient jusqu'à la première décimale, ce qui donne

$$0{,}3.$$

Donc, on trouve pour première valeur approchée

$$4 - 0{,}4 \qquad \text{ou} \qquad 3{,}6$$

En substituant 3,6 dans $f(x)$, on obtient un résultat positif. Donc, la racine est comprise entre 3,5 et 3,6.

Nous aurons maintenant

$$n = 1$$
$$2n + k = 3$$

et 3,6 est la limite extérieure.

On trouve

$$\frac{f(3,6)}{f'(3,6)} = \frac{0,00619\ldots}{2,28093\ldots} = 0,002.$$

Nous avons donc pour seconde valeur approchée, à moins de 0,001 près

$$3,6 - 0,003 = 3,597$$

$f(3,597)$ est négatif. La racine est donc entre 3,597 et 3,598.

3,598 est la limite extérieure. Il faut donc prendre le quotient

$$\frac{f(3,598)}{f'(3,598)} \qquad \text{ou} \qquad \frac{0,00163032\ldots}{2,28037813\ldots}$$

et le développer jusqu'à la 7ᵉ décimale, car on a

$$2n + k = 2 \times 3 + 1 = 7.$$

On trouve

$$0,0007149.$$

La troisième valeur approchée est donc

$$3,598 - 0,0007150 = 3,5972850$$

à moins de 0,0000001 près. Cette valeur est approchée par défaut.

Euler trouve

$$3,5972852$$

15. Considérons maintenant quelques équations transcendantes dont les premiers membres ont pour dérivées des fonctions transcendantes, mais dont les valeurs numériques se trouvent dans des tables, comme, par exemple, les fonctions trigonométriques.

Prenons d'abord l'équation suivante traitée par Euler [*]

$$f(x) = x - \cos x = 0.$$

Il est évident que cette équation n'a qu'une racine réelle.

On a

$$f'(x) = 1 + \sin x$$
$$f''(x) = \cos x$$

Comme $f''(x)$ est toujours positif entre les limites $x = 0°$ et $x = 90°$, on peut prendre, entre ces limites, $f''(x)$ comme fonction déterminante.

Mais $f(x)$ est négatif pour $x = 0$ et positif pour $x = 90°$; d'où il suit que la racine est comprise entre ces valeurs.

Pour resserrer les limites, essayons

$$x = 0,7 \qquad x = 0,8$$

nous aurons

$$|0,7| = \quad + \quad\quad + \quad\quad -$$
$$0,764..\quad 1,644..\quad 0,064..$$

$$|0,8| = \quad + \quad\quad + \quad\quad +$$
$$0,696..\quad 1,717..\quad 0,103..$$

$$\frac{0,764..}{2 \times 1,644..} = 0,2$$

Donc $$k = 0.$$
De plus $$n = 1.$$

Les limites sont donc assez rapprochées pour le calcul d'approximation.

La limite extérieure est 0,8, et l'on a

$$2n + k = 2$$

---

[*] Introd. in anal. inf., L. II, § 531.

Il faut développer jusqu'à la seconde décimale le quotient

$$\frac{f(0,8)}{f'(0,8)} = \frac{0,103}{1,717} = 0,06\ldots$$

La première valeur approchée est donc, à moins de 0,01 près,

$$0,8 - 0,07 = 0,73\,.$$

et cette valeur est approchée par défaut.

En second lieu, nous aurons

$$\frac{f(0,74)}{f'(0,74)} = \frac{0,001531}{1,674} = 0,0009\ldots$$

Donc la seconde valeur approchée est, à moins de 0,0001.

$$0,74 - 0,0010 = 0,7390,$$

elle est approchée par défaut.

En troisième lieu, nous aurons

$$\frac{f(0,7391)}{f'(0,7391)} = \frac{0,000024887\ldots}{1,67362\ldots} = 0,00001487\ldots$$

Donc la troisième valeur approchée est, à moins de 0,00000001 près

$$07391 - 0,00001488$$

ou

$$0,73908512.$$

Euler trouve

$$0,7390847.$$

16. Soit à résoudre l'équation

$$x - \tang x = 0.$$

Équation que l'on rencontre dans la théorie des vibrations des corps élastiques et dans la théorie de la chaleur.

On peut mettre cette équation sous la forme

$$\frac{x \cos x - \sin x}{\cos x} = 0.$$

On peut démontrer que les racines de l'équation

$$\frac{1}{\cos x} = 0$$

ne satisfont pas à l'équation proposée (*).

Il suffit donc de résoudre l'équation

$$x \cos x - \sin x = 0.$$

Comme cette équation ne change pas lorsque l'on y change x en $-x$, il s'ensuit que les racines sont deux à deux égales

---

(*) En effet l'équation

$$\frac{1}{\cos x} = 0$$

n'a évidemment pas de racine réelle. Pour trouver les racines imaginaires, posons

$$x = y + z \sqrt{-1}$$

on aura

$$\cos x = \cos y \cos \left(z \sqrt{-1} \right) - \sin y \sin \left(z \sqrt{-1} \right)$$

ou

$$\cos x = \frac{1}{2} \left(e^z + e^{-z} \right) \cos y - \frac{1}{2} \left(e^z - e^{-z} \right) \sqrt{-1} \sin y$$

Pour que la valeur de $\cos x$ soit infinie, il faut que z le soit. On a alors

$$\cos x = \frac{1}{2} e^{\infty} \left(\cos y - \sqrt{-1} \sin y \right)$$

D'un autre côté on a

$$\sin x = \frac{1}{2} \left(e^z + e^{-z} \right) \sin y + \frac{1}{2} \left(e^z - e^{-z} \right) \sqrt{-1} \cos y$$

et de signes contraires. Il suffit donc de chercher les racines
positives.

On a

$$f(x) = x \cos x - \sin x$$
$$f'(x) = - x \sin x$$
$$f''(x) = - (x \cos x + \sin x)$$

La plus petite racine est $x = 0$.

Si nous désignons par ω une quantité infiniment petite, il
est clair que $f''(x)$ est toujours négatif entre les limites $x = \omega$
et $x = 90°$.

Or, on a

$$[\omega] = - - -$$
$$[90°] = - - -$$

---

et pour $z = \infty$

$$\sin x = \frac{1}{2}\, e^{\infty} \left(\sin y + \sqrt{-1} \cos y\right)$$

Donc pour toute racine de l'équation

$$\frac{1}{\cos x} = 0$$

on a

$$\sin x = \infty$$

$$\tang x = \frac{1}{\cos x} \times \sin x = 0 \times \infty$$

Il est facile de voir que la vraie valeur de $\tang x$ est alors différente
de zéro. En effet, on a, dans ce cas

$$\tang x = \frac{\frac{1}{2} e^{\infty} \left(\sin y + \sqrt{-1} \cos y\right)}{\frac{1}{2} e^{\infty} \left(\cos y - \sqrt{-1} \sin y\right)} = \frac{\sin y + \sqrt{-1} \cos y}{\cos y - \sqrt{-1} \sin y}$$

on

$$\tang x = \sqrt{-1}$$

(Mémoires de l'Acad. des sc., tome X, page 129.)

Donc, il n'y a pas de racine entre ces limites. De plus, il est évident qu'il n'y a pas de racine entre $x = 90°$ et $x = 180°$, car cos x est toujours négatif entre ces limites, et sin x toujours positif.

Entre les limites $x = 180°$ et $x = 270°$, $f''(x)$ est toujours positif et peut servir de fonction déterminante. Or, on a

$$(180° + \omega) = + \; + \; -$$
$$(270°) \quad = + \; + \; +$$

La première suite a une variation de plus que la seconde. Donc il y a une racine entre 180° et 270°. Cette racine est comprise entre 4,4 et 4,5. On a, en effet :

$$(4,4) = - \qquad \begin{array}{ccc} + & + & - \\ 2,3 & 4,187.. & 0,4006.. \end{array}$$

$$(4,5) = \qquad \begin{array}{ccc} + & + & + \\ 1,92 & 4,398885 & 0,028949. \end{array}$$

D'un autre côté, on a

$$\frac{2,3}{8,37} = 0,2$$

d'où $\qquad h = 0.$

Et comme on a $\qquad u = 1$

les limites sont assez rapprochées pour le calcul d'approximation. La limite extérieure est 4,5. Il faut donc développer jusqu'à la seconde décimale le quotient

$$\frac{0,028..}{4,398..} = 0,00..$$

Donc la première valeur approchée est

$$4,5 - 0,01 = 4,49$$

Elle est approchée par défaut.

4,50 est donc la limite extérieure, et si l'on calcule jusqu'à
la 4e décimale le quotient

$$\frac{0,028949}{4,398885} = 0,0065\ldots$$

On aura, pour seconde valeur approchée,

$$4,50 - 0,0066 = 4,4934$$

si l'on développe jusqu'à la 8e décimale le quotient

$$\frac{f(4,4935)}{f'(4,4935)} = \frac{0,0003963339}{4,38627} = 0,00009035$$

on aura, pour troisième valeur approchée,

$$4,4935 - 0,00009036 = 4,49340964.$$

Cette valeur est égale à

$$257° \ 27' \ 12'',268.$$

Euler trouve (*)

$$257° \ 27' \ 12'' = 4,49340834$$

mais il aurait pu trouver par sa méthode une valeur plus approchée, s'il avait pris un nombre suffisant de termes dans
la série qu'il a employée. Il aurait trouvé

$$4,49340968$$

valeur qui diffère peu de notre résultat.

Poisson trouve (**)

$$4,49331$$

valeur inexacte dès la 4e décimale.

(*) Introd. in anal. inf. L. II, § 539.
(**) Mém. de l'Acad. des sc., tome VIII, page 420.
  Poisson donne pour valeur de la seconde racine 7,73747, tandis que
l'on doit trouver 7,725...

Notre méthode peut servir à calculer les autres racines. Il est évident qu'il y en a une infinité, et que la $n^{ième}$ est comprise entre $n\pi$ et $\left(n + \dfrac{1}{2}\right)\pi$.

17. On rencontre, dans la théorie des vibrations d'une sphère élastique, l'équation suivante :

$$(4 - 3x^2)\sin x - 4x \cos x = 0.$$

Proposons-nous de résoudre cette équation, qui est du même genre que la précédente.

Les racines sont égales, et de signes contraires, deux à deux ; il suffit donc de chercher les racines positives.

La plus petite racine est $x = 0$; cherchons la racine suivante. Nous avons :

$$f(x) = (4 - 3x^2)\sin x - 4x \cos x$$
$$f'(x) = -x(3x \cos x + 2 \sin x)$$
$$f''(x) = (3x^2 - 2)\sin x - 8x \cos x.$$

$f''(x)$ est toujours négatif entre $x = 0$ et $x = \dfrac{\pi}{4}$; car on a

$$3x^2 - 2 < 0 \quad \text{ou} \quad x < \sqrt{\frac{2}{3}} \quad \text{pour} \quad x = \frac{\pi}{4}.$$

Nous pouvons donc prendre $f''(x)$ pour fonction déterminante entre ces limites.

En désignant par ω une quantité infiniment petite, nous aurons :

$$\left[\omega\right] = -\ -\ -\ -$$
$$\left[\frac{\pi}{4}\right] = -\ -\ -\ -$$

Il n'y a donc pas de racine entre 0 et $\dfrac{\pi}{4}$.

Entre les limites $x = \dfrac{\pi}{4}$ et $x = \dfrac{\pi}{2}$, on ne peut prendre $f''(x)$ pour fonction déterminante, car elle ne conserve pas toujours le même signe. On pourrait considérer des intervalles plus petits, mais il vaut mieux avoir recours aux dérivées d'ordre supérieur. On a

$$f'''(x) = (3x^2 - 10)\cos x + 14x \sin x$$
$$f^{iv}(x) = (24 - 3x^2)\sin x + 20x \cos x$$

Il est évident que $f^{iv}(x)$ est toujours positif entre 0 et $\dfrac{\pi}{2}$. On peut donc prendre cette dérivée pour fonction déterminante. On a

$$[\omega] = +\ -\ -\ -\ -$$
$$\left[\dfrac{\pi}{2}\right] = +\ +\ +\ -\ -$$

Donc il n'y a pas de racine entre 0 et $\dfrac{\pi}{2}$.

Entre les limites $\dfrac{\pi}{2}$ et π la dérivée $f'''(x)$ est toujours positive, et peut être prise pour fonction déterminante. On a

$$\left[\dfrac{\pi}{2}\right] = +\ -\ -$$
$$[\pi] = +\ +\ +$$

Donc il y a une racine dans cet intervalle; mais les limites ne sont pas assez rapprochées pour le calcul d'approximation, car l'équation

$$f'(x) = 0$$

a aussi une racine entre ces limites. Si nous prenons pour

limites 2,5 et 2,6 nous aurons

$$[2,5] = \underset{26,04}{+} \quad \underset{12,029}{+} \quad \underset{0,816}{-}$$

$$[2,6] = \underset{27,2}{+} \quad \underset{14,707}{+} \quad \underset{0,519}{+}$$

On a
$$\frac{27,2}{2 \times 12,029} = 1,\ldots$$

d'où
$$k = -1$$

D'ailleurs on a
$$n = 1$$

Donc la condition $n > 1 - k$ n'est pas remplie.

En resserrant les limites, nous trouverons

$$[2,56] = \underset{26,81}{+} \quad \underset{13,901 \ldots}{+} \quad -$$

$$[2,57] = \underset{26,92}{+} \quad \underset{13,88437}{+} \quad \underset{0,09057}{+}$$

Ici on a
$$\frac{26,92}{2 \times 13,8} = 0,9$$

D'où
$$k = 0$$

On a d'ailleurs
$$n = 2$$

Donc les limites sont suffisamment resserrées. La limite extérieure est 2,57.

Si l'on développe jusqu'à la 4° décimale le quotient

$$\frac{0,09057}{13,88437} = 0,0065$$

on aura pour première valeur approchée

$$2,57 - 0,0066 = 2,5634$$

En continuant, on trouve

$$\frac{f(2,5635)}{f'(2,5635)} = \frac{0,00090157}{13,7095657} = 0,00006576$$

Donc la seconde valeur approchée est

$$2,5635 - 0,00006577 = 2,56343423$$

Poisson trouve (*)
$$2,56334.$$

Entre π et $\frac{3\pi}{2}$, il n'y a pas de racine; car $f(x)$ est toujours positif.

Il y a une racine dans le 4e quadrant; car en prenant pour fonction déterminante $f''(x)$, qui est toujours négatif entre $\frac{3\pi}{2}$ et 2π, on trouve

$$\left[\frac{3\pi}{2}\right] = - + +$$
$$[2\pi] = - - -$$

En resserrant les limites, on trouve

$$[6,0] = \quad \underset{75,7}{-} \quad \underset{100,34}{-} \quad \underset{6,01}{+}$$

$$[6,1] = \quad \underset{67,95}{-} \quad \underset{107,53}{-} \quad \underset{4,38}{-}$$

Ici on a

$$\frac{75,7}{2 \times 100,34} = 0,3$$

d'où
$$k = 0$$

(*) Mémoire de l'Acad. des sc., tome VIII, page 420

et l'on a $\qquad n = 1$

donc: $\qquad n = 1 \ldots k.$

Comme 6,1 est la limite extérieure, il faut développer jusqu'à la seconde décimale le quotient

$$\frac{4,38}{107,53} = 0,04$$

Donc la première valeur approchée est

$$6,1 - 0,05 = 6,05$$

et elle est approchée par défaut.

En second lieu, on a

$$\frac{f(6,06)}{f'(6,06)} = \frac{0,1393}{104,75} = 0,0013$$

D'où l'on conclut, pour seconde valeur approchée

$$6,06 - 0,0014 = 6,0586$$

elle est approchée par défaut.

En troisième lieu, on a

$$\frac{f(6,0587)}{f'(6,0587)} = \frac{0,0031285}{104,6627} = 0,00002989$$

D'où l'on tire pour troisième valeur approchée

$$6,0587 - 0,00002990 = 6,05867010$$

Poisson donne

$$6,05973$$

L'équation a évidemment un nombre infini de racines réelles, et la $n^{\text{ième}}$ racine est comprise entre $\left(n - \frac{1}{2}\right)\pi$ et $n\pi$. Nous

pourrions les calculer, de même que la précédente, avec
autant de décimales que l'on voudrait. Mais, lorsqu'il ne
s'agit pas d'une grande approximation, on peut appliquer le
procédé d'Euler, indiqué dans le paragraphe précédent, et
trouver par les séries inverses une formule qui donne les
racines avec d'autant plus d'exactitude que n est plus grand.

18. Considérons en quatrième lieu des équations qui ren-
ferment, outre des fonctions trigonométriques, les fonctions
$e^x + e^{-x}$ et $e^x - e^{-x}$. L'excellent traité de Gudermann, sur la
théorie des fonctions exponentielles (*), contient des tables
pour le calcul de ces fonctions. Pour abréger, nous désigne-
rons comme Gudermann, $\frac{1}{2}(e^x + e^{-x})$ par $\operatorname{Cos} x$ et $\frac{1}{2}(e^x - e^{-x})$
par $\operatorname{Sin} x$.

Proposons-nous maintenant de résoudre l'équation

$$f(x) = \tfrac{1}{2}(e^x + e^{-x}) \cos x - 2 = 0$$

ou
$$\cos x \operatorname{Cos} x - 1 = 0$$

équation que l'on rencontre dans la théorie des vibrations des
verges élastiques.

Il est évident que les racines sont, deux à deux, égales et
de signes contraires, et qu'à chaque racine réelle α correspond
une racine imaginaire $\alpha\sqrt{-1}$.

Nous avons

$$f'(x) = \operatorname{Cos} x \cos x - 1$$
$$f''(x) = \cos x \operatorname{Sin} x - \sin x \operatorname{Cos} x$$
$$f'''(x) = -2 \sin x \operatorname{Sin} x$$

La plus petite racine est $x = 0$

(*) Crelle, Journal de math., tomes 6 et 7.

$f''(x)$ est toujours négative entre $x = \omega$ et $x = \dfrac{\pi}{2}$. Cette dérivée peut donc servir de fonction déterminante entre ces limites.

Nous trouvons

$$[\omega] = - - -$$

$$\left[\frac{\pi}{2}\right] = - - -$$

Il n'y a donc pas de racine entre ces limites.

Il est évident qu'il n'y en a pas non plus entre $\dfrac{\pi}{2}$ et $\dfrac{3\pi}{2}$; car $f(x)$ est toujours négatif entre ces limites.

Entre $\dfrac{3\pi}{2}$ et 2π, $f''(x)$ est toujours positif et peut servir de fonction déterminante. On trouve

$$\left[\frac{3\pi}{2}\right] = + + -$$

$$[2\pi - \omega] = + + +$$

Donc il y a une racine entre ces limites. En rapprochant les limites, nous trouvons

$$[4,7] = \quad + \qquad + \qquad -$$
$$\qquad 109,8 \quad 54,28 \quad 1,68$$

$$[4,8] = \quad + \qquad + \qquad +$$
$$\qquad 118,2 \quad 65,84 \quad 4,31$$

On a

$$\frac{118,2}{2 \times 54,2} = 1,\ldots$$

Donc les limites ne sont pas assez rapprochées. En les resserrant davantage, on trouve

$$[4,73] \quad = \quad \underset{113,26}{+} \quad \underset{57,6409}{+} \quad \underset{0,0023}{-}$$

$$[4,74] \quad = \quad \underset{114,38}{+} \quad \underset{58,7791}{+} \quad \underset{0,5796}{+}$$

On a

$$\frac{114,3}{2 \times 57,6} = 0,9$$

Donc
$$k = 0$$
$$n = 2$$

La limite extérieure est 4,74, et l'on trouve, en développant le quotient jusqu'à la 4e décimale

$$\frac{f(4,74)}{f'(4,74)} = \frac{0,5796}{58,7791} = 0,0098.$$

Donc la première valeur approchée est

$$4,74 - 0,0099 = 4,7301$$

elle est approchée par excès.

Si l'on développe jusqu'à la 8e décimale le quotient

$$\frac{f(4,7301)}{f'(4,7301)} = \frac{0,0340159}{57,6512988} = 0,00005900$$

on en déduira, pour seconde valeur approchée

$$4,7301 - 0,00005901 = 4,73004099$$

Poisson trouve (*)
$$4,73003$$

(*) Mémoire de l'Acad. des sc., tome VIII, page 485.

Dans le *Traité de mécanique*, 2ᵉ édit., tome II, page 389, on trouve

19. Dans la même théorie de mécanique, on rencontre l'équation

$$(e^x + e^{-x}) \cos x + 2 = 0$$

ou
$$\cos x \operatorname{Cos} x + 1 = 0$$

Nous aurons

$$f(x) = \cos x \operatorname{Cos} x + 1$$
$$f'(x) = \cos x \operatorname{Sin} x - \sin x \operatorname{Cos} x$$
$$f''(x) = - 2 \sin x \operatorname{Sin} x$$

Entre $x = 0$ et $x = \dfrac{\pi}{2}$, $f(x)$ est toujours positif. Entre $x = \dfrac{\pi}{2}$ et $x = \pi$, $f''(x)$ est toujours négatif et peut servir de fonction déterminante. On a

$$\left| \frac{\pi}{2} \right| = - \quad - \quad - \quad +$$
$$\left| \pi - \omega \right| = - \quad - \quad - \quad -$$

Il y a donc une racine entre ces limites. En les resserrant, on trouve

$$|1,8| = - \quad - \quad +$$
$$ 5,7 \quad 3,69 \quad 0,29$$

$$|1,9| = - \quad - \quad -$$
$$ 6,11 \quad 4,29 \quad 0,10$$

On a
$$\frac{6,1}{2 \times 3,69} = 0,8 \ldots$$

Donc on a
$$k = 0$$

4,74503, au lieu de 4,73003. C'est évidemment une erreur, car la racine est égale à $\dfrac{3\pi}{2} + 0,01765$.

d'ailleurs $$n = 1.$$

Les limites sont assez rapprochées. On a

$$\frac{0,10}{4,29} = 0,02$$

Donc la première valeur approchée est

$$1,9 - 0,03 = 1,87$$

elle est approchée par défaut.

En second lieu, on a

$$\frac{f(1,88)}{f'(1,88)} = \frac{0,02033}{4,16792} = 0,0048$$

Donc la seconde valeur approchée est

$$1,88 - 0,0049 = 1,8751$$

Elle est approchée par défaut.

En troisième lieu, on a

$$\frac{f(1,8752)}{f'(1,8752)} = \frac{0,00039722}{4,138717} = 0,00009597$$

Donc la troisième valeur approchée est

$$1,8752 - 0,00009598 = 1,87510402$$

Poisson trouve (même Mémoire que dans l'exemple précédent) (*)
$$1,8756$$

(*) La valeur 1,87011 que Poisson donne dans son *Traité de mécanique*, tome II, page 390, est évidemment inexacte. Il doit donner 1,87511, car cette valeur est égale à $\frac{\pi}{2} + \delta'$, en posant $\delta' = 0,30431$.

20. Traitons maintenant une cinquième classe d'équations dans lesquelles le premier membre $f(x)$ est une série convergente pour le calcul de laquelle il n'existe pas de tables.

Prenons d'abord l'équation

$$1 - x + \frac{x^2}{(1.2)^2} - \frac{x^3}{(1.2.3)^2} + \frac{x^4}{(1.2.3.4)^2} - \ldots = 0$$

Cette équation se rencontre dans la théorie de la propagation de la chaleur dans un cylindre et dans plusieurs autres questions de physique mathématique.

Cette équation (*) n'a pas de racine négative. Nous avons

$$f(x) = 1 - x + \frac{x^2}{(1.2)^2} - \frac{x^3}{(1.2.3)^2} + \frac{x^4}{(1.2.3.4)^2} \cdot\cdot$$

$$f'(x) = -1 + \frac{x}{2} - \frac{x^2}{2^2.3} + \frac{x^3}{2^2.3^2.4} - \frac{x^4}{2^2.3^2.4^2.5} \cdot\cdot$$

$$f''(x) = \frac{1}{2} - \frac{x}{2.3} + \frac{x^2}{2^2.3.4} - \frac{x^3}{2^2.3^2.4.5} + \cdot\cdot$$

Ces trois séries sont évidemment convergentes, et l'on peut calculer $f(x)$, $f'(x)$, $f''(x)$ avec une approximation aussi grande que l'on voudra pour toute valeur réelle et finie d'x. En effet, lorsque l'on substitue à x une valeur quelconque réelle et finie, on arrive toujours à un terme à partir duquel les termes vont constamment en diminuant. Dans la série qui correspond à $f(x)$, par exemple, on passe du terme $\frac{x^n}{2^2.3^2\ldots n^2}$ au suivant, en multipliant le premier par $\frac{x}{(n+1)^2}$. Donc lorsque l'on a $(n+1)^2 > x$, les termes vont en diminuant, et,

---

(*) Poisson l'a traitée page 522 du Mémoire cité en dernier lieu.

de plus, ils convergent vers zéro. Si nous désignons par u_n un terme quelconque, à partir duquel les termes décroissent constamment, et si nous appelons S la somme des termes jusqu'à u_n inclusivement, on sait que la limite de la série est comprise entre S et $S + u_{n+1}$. Les premiers chiffres communs à ces deux sommes doivent donc appartenir à la limite $f(x)$, et l'on peut calculer cette valeur avec autant de chiffres que l'on veut. Il en est de même pour les deux autres séries.

Dans la série $f'''(x)$, deux termes consécutifs peuvent être représentés en valeur absolue par

$$\frac{x^m}{2^2.3^2\ldots m^2(m+1)(m+2)}, \quad \frac{x^{m+1}}{2^2.3^2\ldots(m+1)^2(m+2)(m+3)}$$

Pour que l'on ait

$$\frac{x^m}{2^2.3^2\ldots m^2(m+1)(m+2)} > \frac{x^{m+1}}{2^2.3^2\ldots(m+1)^2(m+2)(m+3)}$$

il faut que l'on ait

$$1 > \frac{x}{(m+1)(m+3)}$$

ou
$$x < (m+1)(m+3)$$

Si l'on pose
$$m = 2$$

on aura
$$(m+1)(m+3) = 15$$

Donc pour toute valeur de x inférieure à 15, chaque terme positif de la série $f'''(x)$ surpasse le suivant. D'ailleurs $\dfrac{1}{2} - \dfrac{x}{2.3}$ est positif pour toute valeur de x inférieure à 3. Donc $f'''(x)$ peut être prise pour fonction déterminante entre $x = 0$ et $x = 3$.

On a

$$[0] \;=\; +\; -\; +$$
$$[3] \;=\; +\; -\; -$$

Donc il y a entre ces limites une racine de l'équation

$$f'(x) = 0$$

En resserrant les limites, on trouve (*)

$$[1] \;=\qquad +\qquad -\qquad +$$
$$\qquad\qquad 0,35 \quad 0,57 \quad 0,2$$

$$[2] \;=\qquad +\qquad -\qquad -$$
$$\qquad\qquad 0,23 \quad 0,28 \quad 0,19$$

La limite extérieure est 1. On a

$$\frac{0,35}{2 \times 0,28} = 0,6\ldots$$

Donc $\qquad\qquad\qquad\qquad h = 0$

d'ailleurs $\qquad\qquad\qquad\qquad u = 0$

Donc il faut encore resserrer les limites. On trouve

$$[1,4] \;=\qquad +\qquad -\qquad +$$
$$\qquad\qquad\quad 0,303 \quad 0,445 \quad 0,020$$

$$[1,5] \;=\qquad +\qquad -\qquad -$$
$$\qquad\qquad\quad 0,292 \quad 0,415 \quad 0,0232$$

Maintenant on a

$$\frac{0,303}{2 \times 0,415} = 0,3\ldots$$

(*) Les trois fonctions sont liées par la relation

$$f(x) + f'(x) = - x f''(x)$$

Il suffit donc de calculer directement les valeurs de deux des fonctions.
On en déduit la valeur de la troisième.

Donc
$$k = 0$$
$$n = 1$$

On peut donc commencer le calcul d'approximation.

On trouve

$$\frac{0,020}{0,445} = 0,04..$$

Donc la première valeur approchée est

$$1,4 + 0,05 = 1,45$$

Elle est approchée par excès.

On trouve en second lieu

$$\frac{f(1,44)}{f'(1,44)} = \frac{0,002508}{0,4334} = 0,0057$$

Donc la seconde valeur approchée est

$$1,44 + 0,0058 = 1,4458$$

Poisson trouve $\qquad 1,4457$

Calculons maintenant la racine suivante. Nous avons

$$f'''(x) = -\left(\frac{1}{2.3} - \frac{x}{2.3.4} + \frac{x^2}{2^2.3.4.5} - \frac{x^3}{2^2.3^2.4.5.6}\right.$$
$$\left. + \frac{x^4}{2^2.3^2.4^2.5.6.7} - \dots\right)$$

$$f^{\text{IV}}(x) = \frac{1}{2.3.4} - \frac{x}{2.3.4.5} + \frac{x^2}{2.^23.4.5.6} - \frac{x^3}{2.^23^2.4.5.6.7} + \dots$$

$$f^{\text{V}}(x) = -\left(\frac{1}{2.3.4.5} - \frac{x}{2.3.4.5.6} + \frac{x^2}{2^2.3.4.5.6.7}\right.$$
$$\left. - \frac{x^3}{2^2.3^2.4.5.6.7.8} + \dots\right)$$

$$f^{\text{vi}}(x) = \frac{1}{2.3.4.5.6} - \frac{x}{2.3.4.5.6.7} + \frac{x^2}{2^2.3.4.5.6.7.8}$$

$$- \frac{x^3}{2^2.3^2.4.5.6.7.8.9} + \cdots$$

$$f^{\text{vii}}(x) = -\left(\frac{1}{2.3.4.5.6.7} - \frac{x}{2.3.4.5.6.7.8} \right.$$

$$\left. + \frac{x^2}{2^2.3.4.5.6.7.8.9} - \frac{x^3}{2^2.3^2.4.5.6.7.8.9.10} + \cdots \right)$$

Dans la série $f^{\text{vi}}(x)$, la valeur absolue de chaque terme surpasse celle du suivant pour toute valeur d'x inférieure à 4. Donc $f^{\text{vi}}(x)$ est toujours négatif entre $x = 0$ et $x = 4$.

On verra de même que

$f^{\text{iv}}(x)$ est toujours positif entre $x = 0$ et $x = 5$

$f^{\text{v}}(x)$ est toujours négatif entre $x = 0$ et $x = 6$

$f^{\text{vi}}(x)$ est toujours positif entre $x = 0$ et $x = 7$

$f^{\text{vii}}(x)$ est toujours négatif entre $x = 0$ et $x = 8$

On peut donc prendre chacune de ces dérivées pour fonction déterminante entre les limites correspondantes.

Prenons, par exemple, $f^{\text{vii}}(x)$. Nous aurons (*)

$$[0] = \quad - \quad + \quad - \quad + \quad - \quad + \quad - \quad +$$

$$[8] = \quad - \quad + \quad - \quad + \quad - \quad - \quad + \quad +$$

La première suite contient sept variations. La seconde n'en a que cinq. Il y a donc deux racines entre 0 et 8, et, par conséquent, une racine entre 3 et 8.

(*) On a la relation

$$f^n(x) + (n+1)f^{n+1}(x) + xf^{n+2}(x) = 0$$

Donc les valeurs de $f(x)$ et de $f'(x)$ donnent celles de toutes les dérivées.

En substituant les nombres intermédiaires, on trouve

$$[7] = - + - + - - + -$$

Donc la racine est entre 7 et 8.

On voit, de plus, en comparant les suites [7] et [8], que l'équation

$$f''(x) = 0$$

n'a pas de racine entre 7 et 8.

D'après cela, nous prendrons $f''(x)$ pour fonction déterminante entre ces limites, et nous aurons

$$[7] = \quad \underset{0,007}{-} \quad \underset{0,13}{+} \quad \underset{0,007}{-}$$

$$[8] = \quad \underset{0,02}{-} \quad \underset{0,27}{+} \quad \underset{0,04}{+}$$

Nous trouvons

$$\frac{0,02}{2 \times 0,13} = 0,07$$

Donc $\qquad k = 0$

D'ailleurs $\qquad n = 0$

La condition $n = 1 - k$ est remplie.

La limite extérieure étant 7, nous calculons, avec une décimale, le quotient

$$\frac{0,07}{0,13} = 0,5$$

Donc la première approchée est

$$7 + 0,6 = 7,6$$

Elle est approchée par défaut.

En second lieu, nous trouvons

$$\frac{f(7,6)}{f'(7,6)} = \frac{0,002}{0,123} = 0,016$$

Donc la seconde valeur approchée sera

$$7,6 + 0,017 = 7,617$$

Elle est approchée par défaut.

En troisième lieu, nous trouvons

$$\frac{f(7,617)}{f'(7,617)} = \frac{0,000\ 1005}{0,123\ 26} = 0,000\ 8153$$

Donc la troisième valeur approchée sera

$$7,6178154$$

Poisson trouve

$$7,6263$$

valeur inexacte dès la seconde décimale.

On pourrait trouver de même les autres racines à l'aide des dérivées d'ordre supérieur.

21. Traitons encore l'équation suivante qui se rencontre dans la théorie du mouvement d'une membrane élastique

$$F(x) = 1 - \frac{x}{2} + \frac{x^2}{3.2^2} - \frac{x^3}{4.(2.3)^2} + \frac{x^4}{5.(2.3.4)^2} \cdots = 0$$

Cette équation est liée à la précédente par la relation

$$F(x) = -f'(x)$$

Cette équation n'a aussi que des racines positives, et l'on trouvera, comme précédemment, que $F''(x)$ est toujours positif entre $x = 0$ et $x = 4$. Donc, nous prendrons cette dérivée pour fonction déterminante entre ces limites, et nous aurons

$$[0] = \quad + \quad - \quad +$$
$$[4] = \quad + \quad + \quad -$$

Il y a donc évidemment une racine de l'équation entre 0 et 4. Mais comme $F'(x)$ s'annule dans cet intervalle, il faut chercher des limites plus rapprochées.

Nous trouvons

$$[3] = \quad + \quad - \quad +$$
$$[4] = \quad + \quad + \quad -$$

Ces limites ne sont pas assez resserrées. Nous trouverons ensuite

$$[3,6] = \quad + \quad - \quad +$$
$$\qquad\quad 0,06 \quad 0,11 \quad 0,007$$

$$[3,7] = \quad + \quad - \quad -$$
$$\qquad\quad 0,05 \quad 0,10 \quad 0,003$$

Nous avons ici

$$\frac{0,06}{2 \times 0,10} = 0,3$$

Donc $\qquad\qquad k = 0$

D'ailleurs $\qquad\qquad n = 1$

La limite extérieure étant 3,6, nous calculons le quotient

$$\frac{0,007}{0,11} = 0,06\ldots$$

Donc la **première** valeur approchée est

$$3,6 + 0,07 = 3,67$$

Elle est approchée par défaut.

En second lieu, nous trouvons

$$\frac{F(3,67)}{F'(3,67)} = \frac{0,000053}{0,1097} = 0,0004\ldots$$

Donc la seconde valeur approchée est

$$3,6705$$

Poisson trouve 3,55, valeur fautive dès la première décimale (1).

Pour trouver la racine suivante nous considérerons les dérivées d'ordre supérieur.

Il résulte de ce qui précède que la dérivée $F^{2m}(x)$ est positive entre les limites $x = 0$ et $x = 2m + 2$, et que la dérivée $F^{2m+1}(x)$ est négative entre les limites $x = 0$ et $x = 2m + 3$. Ces dérivées peuvent donc servir de fonctions déterminantes entre les limites correspondantes.

La dérivée $F^{XI}(x)$, par exemple, étant négative entre les limites $x = 0$ et $x = 13$, nous la prendrons pour fonction déterminante entre ces limites et nous aurons :

$$[0] \quad = \quad - \quad + \quad - \quad + \quad - \quad + \quad - \quad + \quad - \quad + \quad - \quad +$$
$$[13] \quad = \quad - \quad + \quad - \quad + \quad - \quad + \quad - \quad + \quad - \quad - \quad + \quad +$$

La suite [0] renferme onze variations.

La suite [13] n'en contient que neuf.

Il y a donc deux racines entre 0 et 13 et, par conséquent, une racine entre 4 et 13.

Du reste, il n'était pas nécessaire d'aller jusqu'à $F^{XI}(x)$. Le tableau précédent nous montre, en effet, que l'équation

$$F'''(x) = 0$$

____

(*) Même traité, p. 506.

n'a pas de racine entre 0 et 13, et que la fonction $F'''(x)$ est constamment négative entre ces limites.

On aurait pu le voir directement. En effet, si l'on substitue à x la valeur 13 dans la série qui correspond à $-F'''(x)$, le premier terme $\dfrac{1}{2.3.4}$ deviendra, il est vrai, plus petit que le suivant ; mais, à partir de là, chaque terme positif surpassera, en valeur absolue, le terme suivant. La somme des termes, abstraction faite des deux premiers, sera donc positive. D'ailleurs, la somme des six premiers termes

$$\frac{1}{2.3.4} - \frac{13}{2.3.4.5} + \frac{13^2}{2^2.3.4.5.6} - \frac{13^3}{2^2.3^2.4.5.6.7} + \frac{13^4}{2^2.3^2.4^2.5.6.7.8} - \frac{13^5}{2^2.3^2.4^2.5^2.6.7.8.9}$$

est positive. Donc — $F''(13)$ est positif, et $F'''(13)$ est négatif.

Il en est de même, à plus forte raison, pour des nombres inférieurs à 13.

Il suffira donc de considérer le tableau suivant pour calculer la seconde racine.

$$[4] \;=\; -\;\;+\;\;+\;\;-$$
$$[13] \;=\; -\;\;-\;\;+\;\;+$$

Comme $F''(x)$ s'annule entre 4 et 13, il faut resserrer les limites.

On trouve

$$[12] \;=\; \underset{0{,}003}{-} \quad \underset{0{,}025}{+} \quad \underset{0{,}007}{-}$$

$$[13] \;=\; \underset{0{,}004}{-} \quad \underset{0{,}021}{+} \quad +$$

On a :

$$\frac{0,004}{2 \times 0,021} = 0,9..$$

Donc $k = 0$

D'ailleurs $n = 0$

Les limites ne sont. donc pas assez resserrées.
On trouve, en continuant,

$$[12,3] \qquad = \qquad \frac{}{0,004} \quad + \quad \frac{}{0,024} \quad \frac{}{0,000113}$$

$$[12,4] \qquad = \qquad \frac{}{0,004} \quad + \quad \frac{}{0,024} \quad +$$

On a :

$$\frac{0,004}{2 \times 0,024} = 0,08$$

D'où $k = 1$ •

D'ailleurs $n = 1$

Donc la condition $n > 1 - k$

est remplie.

Comme l'on a $2n + k = 3$, il faut calculer avec 3 décimales le quotient

$$\frac{0,000113}{0,024} = 0,004..$$

La première valeur approchée est donc :

$$12,305$$

elle est approchée par excès.

Nous pouvons maintenant calculer avec sept décimales le quotient

$$\frac{F(12,304)}{F'(12,304)} = \frac{0,00014980}{0,024393} = 0,0006141..$$

Donc la seconde valeur approchée est

$$12,3046142$$

Poisson trouve (même page).

$$12,41.$$

22. Ces exemples suffisent pour faire comprendre l'application de notre méthode dans des cas semblables, et pour prouver qu'elle donne toutes les racines réelles avec autant d'approximation que l'on veut.

Pour terminer, je vais chercher un moyen de reconnaître si une équation transcendante n'a que des racines réelles.

On a été conduit à cette recherche par des questions de physique mathématique. On y rencontre souvent des équations transcendantes qui ne peuvent évidemment avoir de racines imaginaires, d'après la nature même de la question. On s'est proposé de le démontrer, *à posteriori*, par l'analyse. On ne connaît pas encore de méthode générale, ce qui est peu surprenant puisque cette même question n'est pas facile à traiter pour les équations algébriques. Mais on a résolu le problème pour un grand nombre d'équations transcendantes à l'aide de procédés particuliers.

Le procédé le plus simple consiste à prouver que le premier membre de l'équation

$$f(x) = 0$$

est le produit de facteurs connus qui donnent tous des racines réelles. Tel est le cas de l'équation

$$\sin x = 0$$

On sait, en effet, que l'on a

$$\sin x = x \left(1 - \frac{x^2}{\pi^2} \right) \left(1 - \frac{x^2}{4\pi^2} \right) \left(1 - \frac{x^2}{9\pi^2} \right) \cdots$$

Tel est aussi le cas de l'équation

$$\cos x = 0 \qquad (^*)$$

Un autre procédé très-fécond consiste à remplacer x par $a + b\sqrt{-1}$ dans l'équation, (a et b représentant des quantités réelles), et à prouver que l'on arrive à des résultats contradictoires si l'on ne suppose $b = 0$.

Cette méthode me paraît avoir été inventée par Fourier. Il l'applique $(^{**})$ à l'équation

$$x - \lambda \operatorname{tang} x = 0$$

en supposant $\lambda \searrow 1$.

Plus tard M. Cauchy a développé cette idée et s'en est servi pour un grand nombre d'équations. Je me contenterai d'appliquer la méthode à quelques équations qui ne se trouvent pas dans le traité de M. Cauchy, et j'en profiterai pour employer quelques artifices particuliers.

Je prendrai d'abord l'équation

$$\sin x = a$$

dans laquelle je suppose $a \leqq 1$.

Si je pose $x = y + z\sqrt{-1}$, j'obtiendrai

$$\sin y \cos\left(z\sqrt{-1}\right) + \cos y \sin\left(z\sqrt{-1}\right) = a.$$

D'où
$$(1) \qquad \frac{1}{2}\left(e^{z} + e^{-z}\right)\sin y = a$$

$$(2) \qquad \frac{1}{2}\left(e^{z} - e^{-z}\right)\cos y = 0$$

$(^*)$ On le démontre plus loin au paragraphe 23.
$(^{**})$ Théorie de la chaleur, p. 366.

Or, dans le cas où z n'est pas nul, on ne peut satisfaire à l'équation (2) qu'en posant

$$\cos y = 0$$

mais dans ce cas, on a $\sin y = 1$, en valeur absolue.

Donc l'équation (1) devient

$$(3) \qquad \frac{1}{2}\left(e^{z} + e^{-z}\right) = a$$

mais on a

$$\frac{1}{2}\left(e^{z} + e^{-z}\right) = 1 + \frac{z^{2}}{2} + \frac{z^{4}}{2.3.4} + \text{etc.} > 1$$

Donc l'équation (3) n'a pas de solution réelle, si l'on a

$$a \leqq 1$$

La démonstration s'applique au cas où l'on a $y = 0$.

De même, l'équation

$$\cos x = a$$

ne peut avoir de racine imaginaire de la forme $a + b\sqrt{-1}$, si a ne représente pas un nombre supérieur à 1, en valeur absolue. En effet, si l'on pose $x = y + z\sqrt{-1}$

On trouve les deux équations

$$(4) \qquad \frac{1}{2}\left(e^{z} + e^{-z}\right)\cos y = a$$

$$(5) \qquad \frac{1}{2}\left(e^{z} - e^{-z}\right)\sin y = 0$$

Si donc z n'est pas nul, il faut que l'on ait

$$\sin y = 0$$

d'où
$$\cos y = 1$$

en valeur absolue.

Donc on aurait encore

$$\frac{1}{2}\,(e^{z} + e^{-z}) = a$$

ce qui est impossible, en supposant $a \gtrless 1$.

Considérons maintenant l'équation suivante, déjà traitée au paragraphe 17.

$$(4 - 3x^{2}) \sin x - 4x \cos x = 0$$

Cette équation n'a pas de racine imaginaire. On peut l'écrire sous la forme

$$(6) \qquad \operatorname{tang} x = \frac{-\dfrac{4}{3}}{x^{2} - \dfrac{4}{3}}$$

Cette équation est comprise dans l'équation plus générale :

$$\operatorname{tang} x = \frac{ax}{x^{2} + b}$$

Équation que M. Cauchy a traitée ; mais il n'a pas examiné le cas où a et b sont négatifs, et c'est celui que nous considérons ici.

Prouvons d'abord que l'équation (6) ne peut avoir de racine imaginaire de la forme $x = y\sqrt{-1}$, ou, plus généralement, que l'équation

$$(7) \qquad \operatorname{tang} x = \frac{-\alpha x}{x^{2} - \alpha}$$

ne peut avoir une racine de cette forme, si l'on suppose $\alpha < 3$.

Pour cela, posons dans l'équation (7) $x = y\sqrt{-1}$. Il vient

$$\frac{1 + \dfrac{y^2}{1.2.3} + \dfrac{y^4}{1.2.3.4.5} + \cdots}{1 + \dfrac{y^2}{1.2} + \dfrac{y^4}{1.2.3.4} + \cdots} = \frac{\alpha}{\alpha + y^2}$$

ou

$$(8)\quad \alpha + \frac{\alpha}{1.2.3}\left|y^2 + \frac{\alpha}{1.2.3.4.5}\right|y^4 + \cdots = \alpha + \frac{\alpha y^2}{1.2} + \frac{\alpha y^4}{1.2.3.4} + \cdots$$
$$+\ 1 \quad\ \ + \frac{1}{1.2.3}$$

Or, si l'on suppose $\alpha < 3$, il est évident que chaque terme du premier membre, à partir du second terme, surpasse le terme correspondant du second membre.

L'équation (8) est donc impossible. On ferait voir de même que l'équation

$$\tan g\, x = \frac{-\alpha x}{x^2 - \beta}$$

n'a pas de racine imaginaire de la forme $x = y\sqrt{-1}$, si l'on suppose $\alpha < 3$ et $\beta > \alpha$.

Prouvons maintenant que l'équation (7) ne peut avoir de racine de la forme $x = y + z\sqrt{-1}$, si l'on suppose toujours $\alpha < 3$.

Pour cela, posons

$$y + z\sqrt{-1} = \rho(\cos\theta + \sqrt{-1}\sin\theta)$$

Nous aurons

$$\frac{1-\dfrac{\rho^2(\cos 2\theta+\sqrt{-1}\sin 2\theta)}{1.2.3}+\dfrac{\rho^4(\cos 4\theta+\sqrt{-1}\sin 4\theta)}{1.2.3.4.5}-\dfrac{\rho^6(\cos 6\theta+\sqrt{-1}\sin 6\theta)}{1.2.3...7}}{1-\dfrac{\rho^2(\cos 2\theta+\sqrt{-1}\sin \theta)}{1.2}+\dfrac{\rho^4(\cos 4\theta+\sqrt{-1}\sin \theta)}{1.2.3.4}-\dfrac{\rho^6(\cos 6\theta+\sqrt{-1}\sin \theta)}{1.2.3....6}}$$

$$=\frac{-\alpha}{\rho^2(\cos 2\theta+\sqrt{-1}\sin 2\theta)-\alpha}$$

D'où l'on tire

$$\rho^2(\cos 2\theta+\sqrt{-1}\sin \theta)-\rho^4\left(\frac{\cos 4\theta+\sqrt{-1}\sin 4\theta}{1.2.3}\right)+\rho^6\left(\frac{\cos 6\theta+\sqrt{-1}\sin 6\theta}{1.2.3...5}\right)$$

$$-\alpha\left[1-\rho^2\left(\frac{\cos 2\theta+\sqrt{-1}\sin 2\theta}{1.2.3}\right)+\text{etc.}\right]=-\alpha\left[1-\rho^2\left(\frac{\cos 2\theta+\sqrt{-1}\sin 2\theta}{1.2}\right)\right.$$

$$\left.+\rho^4\left(\frac{\cos 4\theta+\sqrt{-1}\sin 4\theta}{1.2.3.4}\right).....\right]$$

En égalant les parties réelles, nous aurons

$$\left(1+\frac{\alpha}{1.2.3}\right)\rho^2\cos 2\theta-\left(\frac{1}{1.2.3}+\frac{\alpha}{1.2.3.4.5}\right)\rho^4\cos 4\theta+\left(\frac{1}{1.2.3.4.5}+\frac{\alpha}{1.2....7}\right)$$

$$\rho^6\cos 6\theta=\frac{\alpha}{1.2}\rho^2\cos 2\theta-\frac{\alpha}{1.2.3.4}\rho^4\cos 4\theta+\frac{\alpha}{1.2....6}\rho^6\cos 6\theta-....$$

Donc on aurait

$$1+\frac{\alpha}{1.2.3}=\frac{\alpha}{1.2}$$

$$\frac{1}{1.2.3}+\frac{\alpha}{1.2.3.4.5}=\frac{\alpha}{1.2.3.4}$$

$$\text{etc.}$$

égalités qui ne peuvent avoir lieu lorsque α est inférieur à 3, ainsi que nous l'avons déjà remarqué.

On verrait de même que l'équation

$$\tan x = \frac{-ax}{x^2 - b}$$

ne peut avoir de racine de la forme $y + z\sqrt{-1}$, lorsque l'on a $\qquad b > a \qquad a < 3.$

Les équations suivantes :

$$(e^x + e^{-x}) \cos x - 2 = 0$$
$$(e^z + e^{-z}) \cos x + 2 = 0$$

ont des racines imaginaires de la forme $z\sqrt{-1}$. (Voir § 18 et § 19.) Nous allons prouver qu'elles n'en ont pas de la forme $y + z\sqrt{-1}$.

Considérons d'abord l'équation

$$(9) \qquad (e^x + e^{-x}) \cos x - 2 = 0$$

Posons $x = y + z\sqrt{-1}$. Nous aurons

$$(10) \quad e^{y+z\sqrt{-1}} + e^{-(y+z\sqrt{-1})} = (e^y + e^{-y}) \cos z + (e^y - e^{-y}) \sin z \sqrt{-1}$$

$$(11) \quad \cos(y + z\sqrt{-1}) = \tfrac{1}{2}(e^z + e^{-z}) \cos y - \tfrac{1}{2}(e^z - e^{-z}) \sin y \sqrt{-1}$$

L'équation (9) donne donc les deux équations :

$$\left(\frac{e^y + e^{-y}}{2}\right)(e^z + e^{-z}) \cos y \cos z + \left(\frac{e^y - e^{-y}}{2}\right)(e^z - e^{-z}) \sin y \sin z = 2$$

$$\left(\frac{e^y - e^{-y}}{2}\right)(e^z + e^{-z}) \cos y \sin z - \left(\frac{e^y + e^{-y}}{2}\right)(e^z - e^{-z}) \sin y \cos z = 0$$

Cette dernière équation peut s'écrire ainsi :

$$(14) \qquad \frac{e^y - e^{-y}}{e^y + e^{-y}} \cdot \frac{\cos y}{\sin y} = \frac{e^z - e^{-z}}{e^z + e^{-z}} \cdot \frac{\cos z}{\sin z}$$

Pour que cette équation soit vérifiée sans que y ou z soit nul, il faut nécessairement que l'on ait $y = z$. Mais alors l'équation (12) devient :

$$(15) \quad (e^y + e^{-y})^2 \cos^2 y + (e^y - e^{-y})^2 \sin^2 y = 4$$

ou, en remplaçant $\sin^2 y$ par $1 - \cos^2 y$

$$(16) \quad (e^y - e^{-y})^2 + 4 \cos^2 y = 4$$

d'où

$$(e^y - e^{-y})^2 = 4 \sin^2 y$$
$$e^y - e^{-y} = \pm 2 \sin y$$

Équation absurde, car on sait que l'on a

$$\sin y = \frac{e^y - e^{-y}}{2\sqrt{-1}}$$

On verrait de même que l'équation plus générale

$$(e^x + e^{-x}) \cos x - a = 0$$

n'a pas de racine imaginaire de la forme $y + z\sqrt{-1}$ si l'on suppose $a \leqq 2$ (*).

(*) Si dans la formule
$$\tan \frac{x}{2} = \pm \left(\frac{1 - \cos x}{1 + \cos x} \right)^{\frac{1}{2}}$$

on remplace $\cos x$ par sa valeur tirée de l'équation (9), $\cos x = \dfrac{2}{e^x + e^{-x}}$ il vient :
$$\tan \frac{x}{2} = \pm \frac{e^{\frac{x}{2}} - e^{-\frac{x}{2}}}{e^{\frac{x}{2}} + e^{-\frac{x}{2}}}$$

M. Cauchy a démontré que cette équation n'a pas de racine de la forme $y + z\sqrt{-1}$.

On pourrait en conclure qu'il en est de même de l'équation (9).

Quant à l'équation

$$(e^z + e^{-z}) \cos x + a = 0.$$

Il suffit que a soit positif pour qu'elle n'ait pas de racine imaginaire de la forme $y + z\sqrt{-1}$.

En effet, si l'on pose $x = y + z\sqrt{-1}$, on obtient les deux équations suivantes :

$$(18) \quad \frac{e^y + e^{-y}}{2} (e^z + e^{-z}) \cos y \cos z + \frac{e^y - e^{-y}}{2} (e^z - e^{-z}) \sin y \sin z = -a$$

$$(19) \quad \frac{e^y - e^{-y}}{e^y + e^{-y}} \cdot \frac{\cos y}{\sin y} = \frac{e^z - e^{-z}}{e^z + e^{-z}} \cdot \frac{\cos z}{\sin z}$$

cette dernière équation exige que l'on ait $y = z$. Donc l'équation (18) se réduit

$$(e^y + e^{-y})^2 \cos^2 y + (e^y - e^{-y})^2 \sin^2 y = -2a$$

ce qui est impossible; car le premier membre est positif et le second est négatif.

25. Cette méthode ne paraît pas applicable à l'équation du n° 23. Mais Fourier a démontré que cette équation ne peut avoir de racines imaginaires. Cette démonstration n'exige pas, comme la précédente, que les racines imaginaires soient de la forme $y + z\sqrt{-1}$; mais elle a été donnée complétement par Fourier, et l'on a prétendu qu'elle n'est pas rigoureuse; c'est pourquoi nous l'exposerons en détail.

Du Gua a donné, le premier, une règle pour reconnaître si les racines de certaines équations *algébriques* sont toutes réelles. Cette règle pourrait se déduire très-simplement de celle de Fourier.

Soit une équation algébrique de degré m

$$f(x) = 0.$$

La suite $[-\infty]$ renfermera m variations et la suite $[\infty]$ n'en renfermera aucune.

Deux cas pourront se présenter lorsqu'il y aura une variation de perdue. Cette perte pourra correspondre à une racine réelle ou ne correspondre à aucune racine réelle. Autant de fois le second cas aura lieu, autant il y aura de racines imaginaires; car l'équation doit avoir m racines réelles ou imaginaires. Or, le second cas ne peut se présenter que pour une valeur $x = \alpha$ qui n'annule pas $f(x)$; mais qui annule l'une des dérivées $f''(x)$, $f^{n-1}(x)$ et $f^{n-1}(x)$ ayant le même signe. Si donc toute valeur de x qui annule une dérivée donne des signes contraires à la dérivée précédente et à la suivante, l'équation algébrique ne peut avoir que des racines réelles.

Telle est la règle de De Gua, démontrée aussi par Fourier.

Nous avons vu comment on trouve les racines réelles comprises entre deux limites α et β, entre lesquelles une dérivée $f^m(x)$ conserve toujours le même signe.

Nous avons vu que chaque racine réelle entraîne la perte d'une variation dans la suite $[\alpha]$; mais que la perte de variations peut ne pas correspondre à des racines réelles. Ce dernier cas ne peut se présenter que lorsque l'une des dérivées de la suite s'annule sans que les deux dérivées qui la comprennent soient de signes contraires. En supposant qu'il y ait $2n$ variations de perdues de cette manière, on ne pourra pas en conclure, comme pour les équations algébriques, qu'il y a $2n$ racines imaginaires. Et réciproquement, s'il n'y a aucune variations de perdue de cette manière, on ne pourra en conclure que l'équation transcendante n'a que des racines réelles. Il pourra arriver qu'elle n'ait ni racines réelles, ni racines imaginaires.

Mais il n'en est pas de même lorsque le premier membre de l'équation transcendante

$$f(x) = 0$$

est le produit d'un nombre infini de facteurs simples, réels ou imaginaires. La fonction $f(x)$ et les dérivées sont alors continues pour toute valeur de x. Désignons par α et β deux limites déterminantes, et supposons que la limite $[\beta]$ renferme δ variations de moins que la suite $[\alpha]$; nous pourrons en conclure que l'équation n'a pas plus de δ racines réelles entre ces limites. Si le nombre des racines réelles est moindre que δ, s'il est par exemple $\delta - \varepsilon$, il y aura nécessairement entre α et β, ε variations de perdues ne correspondant pas à des racines réelles. Donc si aucune des δ variations ne se perd de cette manière, on en conclura que les δ racines sont réelles. Ce raisonnement pouvant s'appliquer à tout autre système de limites déterminantes, on pourra voir si toutes les racines de l'équation sont réelles.

C'est ainsi que Fourier a prouvé qu'il n'y a pas de racines imaginaires dans l'équation :

$$(1)\quad f(x) = 1 - x + \frac{x^2}{(1.2)^2} - \frac{x^3}{(1.2.3)^2} + \frac{x^4}{(1.2.3.4)^2} - \ldots = 0.$$

Nous avons déjà remarqué (n° 20) que trois dérivées consécutives de $f(x)$ sont liées par la relation

$$(2)\quad f^{n}(x) + (n+1)\, f^{n+1}(x) + x\, f^{n+2}(x) = 0.$$

D'un autre côté, il est évident que la fonction $f(x)$, ni aucune de ses dérivées ne peut être annulée par une valeur négative de x.

De plus, si l'on désigne par α une quantité réelle qui annule $f^{n+1}(x)$, on aura, en vertu de la relation (2)

$$f''(\alpha) = -\alpha f^{n+2}(\alpha)$$

et, par conséquent, toute valeur réelle de x qui annule une dérivée $f^{n+1}(x)$ donne des signes contraires aux dérivées $f''(x)$ et $f^{n+2}(x)$.

Fourier prouve enfin que $f(x)$ est le produit d'un nombre infini de facteurs simples. Il considère d'abord l'équation algébrique :

$$(3) \quad F(y) = 1 - ny + \frac{n(n-1)}{1.2}\frac{y^2}{1.2} - \frac{n(n-1)(n-2)}{1.2.3}\frac{y^3}{1.2.3} \text{ etc.} = 0$$

n étant entier et $n+1$ étant le nombre des termes, si l'on pose $ny = x$ et $n = \infty$ l'équation (3) se réduit à l'équation (1). Or $F(y)$ peut toujours se décomposer en n facteurs quelque grand que soit n. Donc il en est de même pour $n = \infty$. Donc $f(x)$ est le produit d'un nombre infini de facteurs simples. Mais la relation (2) fait voir que ces facteurs sont réels. Donc $f(x)$ est le produit de facteurs *réels* correspondant aux racines de l'équation

$$f(x) = 0$$

On pourrait prouver de même que les fonctions $\sin x$ et $\cos x$ sont des produits de facteurs simples réels, c'est-à-dire, que les équations

$$\sin x = 0$$

$$\cos x = 0$$

n'ont pas de racines imaginaires. En effet, l'équation

$$(4) \qquad f(x) = \sin x = x - \frac{x^3}{1.2.3} + \frac{x^5}{1.2.3.4.5} \ldots = 0$$

est un cas particulier de l'équation

$$F(y) = ny - \frac{n(n-1)(n-2)}{1.2.3} y^3 + \frac{n(n-1)(n-2)\ldots(n-5)}{1.2\ldots5} y^5 \ldots = 0$$

Or $F(y)$ est toujours décomposable en facteurs. Donc il est de même de $f(x)$.

De plus, on a

$$f(x) = \sin x$$
$$f'(x) = \cos x$$
$$f''(x) = -\sin x$$
$$f'''(x) = -\cos x$$
$$f^{IV}(x) = \sin x$$

On a donc, en général,

$$f^n(x) = -f^{n+2}(x)$$

Donc les dérivées $f^n(x)$ et $f^{n+2}(x)$ ont des signes contraires lorsque $f^{n+1}(x)$ passe par zéro. Par conséquent l'équation

$$\sin x = 0$$

n'a que des racines réelles.

On raisonnerait de même pour l'équation

$$\cos x = 0$$

24. M. Cauchy a indiqué plusieurs inconvénients dans cette dernière théorie de Fourier (*); Poisson l'a déclarée complétement fausse, et il a voulu le prouver en prenant l'exemple suivant

$$e^x - b e^{ax} = 0$$
ou
$$e^x(1 - b e^{(a-1)x}) = 0$$

____

(*) Exercices de mathématiques, t. 1, p. 338.

a désignant une quantité positive. Cette équation a une infinité de racines imaginaires qui sont comprises dans la formule

$$x = \frac{\mathrm{L}.b + 2i\pi \sqrt{-1}}{1 - a}$$

Or, si l'on prend les dérivées du 1er membre

$$f'(x) = e^x - b e^{ax}$$

on trouve

$$f^n(x) = e^x - b a^n e^{ax}$$
$$f^{n+1}(x) = e^x - b a^{n+1} e^{ax}$$
$$f^{n+2}(x) = e^x - b a^{n+2} e^{ax}$$

Si l'on suppose

$$f^{n+1}(x) = 0$$

ou

$$e^x = b a^{n+1} e^{ax}$$

il vient

$$f^n(x) = - b(1 - a) a^n e^{ax}$$
$$f^{n+2}(x) = + b(1 - a) a^{n+1} e^{ax}$$

et par conséquent

$$f^n(x)\, f^{n+2}(x) = - b^2 (1 - a)^2 a^{2n+1} e^{2ax}$$

valeur négative pour toute valeur de x.

Donc, d'après la règle de Fourier, l'équation n'aurait pas de racines imaginaires, et cette règle serait en défaut.

Mais il y a ici un paralogisme : En effet, $f^{n+1}(x)$ renferme le facteur e^x et se réduit à zéro lorsque ce facteur est nul. Or on a

$$e^x = 0$$

pour $x = - \infty$

L'équation .

$$e^x = 0$$

a donc des racines réelles en nombre infini et ces racines sont comprises dans la formule

$$x = -\infty.$$

Si l'on substitue une de ces valeurs réelles dans $f^{n}(x)$ et $f^{n+2}(x)$, ces fonctions se réduiront à zéro, et l'on ne peut dire qu'elles auront des signes contraires. Cela aura lieu seulement pour toute valeur réelle qui annulera le second facteur de $f^{n+1}(x)$, c'est-à-dire,

$$1 - ba^{n+1}e^{nx}$$

Mais il y aura une infinité de valeurs de x qui annuleront $f^{n+1}(x)$ sans donner des signes contraires à $f^{n}(x)$ et $f^{n+2}(x)$. On ne peut donc conclure de la règle de Fourier que l'équation

$$e^{x} - be^{nx} = 0$$

n'a que des racines réelles (*).

(*) Fourier a donné cette règle pour la première fois dans son *Traité de la chaleur*, p. 372. Poisson l'a réfutée dans le *Journal de l'École polytechnique*, cahier 19, p. 382, et plus tard, dans les *Mémoires de l'Académie des sciences*, t. VIII, p. 307, et, avec plus de détails, t. IX, p. 89. Fourier y a répondu d'abord en quelques lignes, t. VIII, p. 616, et plus longuement, t. X. p. 119.

FIN.

TABLE DES MATIÈRES.

FIN DE LA TABLE.

Paris. — Imprimé par E. Thunot et Cⁱᵉ, rue Racine, 26, près de l'Odéon.

A LA MÊME LIBRAIRIE :

BRIOT (Ch.), *professeur de mathématiques spéciales au lycée Saint-Louis, docteur ès sciences, répétiteur à l'école Polytechnique*, **LEÇONS D'ALGÈBRE** *entièrement conformes aux nouveaux programmes* arrêtés pour l'enseignement des lycées et l'admission aux écoles spéciales. 2 parties. 2 vol. in-8°, avec fig. 7 fr.

On vend séparément :

LA PREMIÈRE PARTIE, à l'usage des élèves des classes de troisième et de seconde, des candidats au baccalauréat ès sciences, aux écoles de la marine et de Saint-Cyr, etc. 3e *édition*, in-8° avec fig. 1857. 3 fr. 50

LA DEUXIÈME PARTIE (classe de spéciales et candidature aux écoles Polytechnique et Normale supérieure) 2e édition. In-8°, avec fig. 1856. 4 fr.

—Cours de **COSMOGRAPHIE, ou ÉLÉMENTS D'ASTRONOMIE**, comprenant les matières du *nouveau programme* arrêté pour l'enseignement des lycées et l'admission aux écoles spéciales. 1 beau vol. in-8°, avec 94 fig. dans le texte, et 3 pl. dont deux gravées à l'*aqua-tinta*. 2e édition, revue et augmentée. Paris, 1856. 5 fr.

Cet ouvrage répond à toutes les questions d'examen pour l'admission aux écoles Polytechnique et de Saint-Cyr, et pour le baccalauréat ès sciences.

CATALAN, *anc. élève de l'École polytechnique*, etc. **THÉORÈMES et PROBLÈMES DE GÉOMÉTRIE ÉLÉMENTAIRE**, 3e *édit.*, revue et augmentée. 1 vol. in-8°, avec 15 pl. Paris, 1857. 6 fr.

—Traité élémentaire de **GÉOMÉTRIE DESCRIPTIVE**, renfermant toutes les matières exigées pour l'admission à l'École Polytechnique. 2 parties in-8°, avec atlas de 28 pl. Paris, 1857. 7 fr. 50

On vend séparément :

1re PARTIE. *La ligne droite et le plan*, in-8°, avec atlas de 11 pl. 4 fr.

2e PARTIE. *Surfaces courbes*. In-8°, avec atlas de 17 pl. 4 fr.

EUDES (A.), *professeur au lycée Napoléon.* **ÉLÉMENTS DE GÉOMÉTRIE**, comprenant la géométrie pure et appliquée. Ouvrage conforme au nouveau programme et aux instructions ministérielles de 1854. 2 parties, in-8° avec 442 fig. dans le texte et 3 pl. gravées. Paris, 1856. 6 fr. 25

On vend séparément :

LA GÉOMÉTRIE PURE, 1 vol. in-8° avec 344 figures. 4 fr.

LA GÉOMÉTRIE APPLIQUÉE, 1 vol. in-8° avec 98 fig. et 3 planch. gravées. 2 fr. 25

HARANT ET LAFFITTE, *professeurs à l'Académie de Paris.* **LEÇONS DE MÉCANIQUE ÉLÉMENTAIRE**, entièrement conformes aux nouveaux programmes de l'enseignement des lycées, contenant toutes les connaissances nécessaires à ceux qui se destinent au baccalauréat ès sciences, aux écoles spéciales du gouvernement, à l'école centrale des arts et manufactures, et ceux qui suivent les cours des écoles professionnelles et des nouvelles facultés des sciences appliquées. 1 vol. in-8°, imprimé sur papier glacé, orné de 195 figures dans le texte et une planche. Paris, 1858. 6 fr.

LENGLIER (Ch.), *ancien élève de l'école Polytechnique, professeur au lycée de Versailles.* **COURS D'ARITHMÉTIQUE**, suivi des notions élémentaires d'algèbre. Ouvrage rédigé d'après l'instruction générale sur l'exécution du plan d'études des lycées impériaux, et contenant les énoncés de 560 problèmes dont les données ont été prises pour la plupart dans des publications officielles. 1 vol. in-12. Paris, 1855. 2 fr. 50

NAVIER, *de l'Institut, professeur à l'école Polytechnique, etc.* Résumé des leçons d'**ANALYSE** données à l'école Polytechnique. 2e *édit.*, revue et annotée par M. LIOUVILLE, *de l'Institut, profes. à l'école Polytechnique* 2 vol. in-8°, Paris, 1856. 10 fr.

OLIVIER (Th.), *docteur ès sciences, professeur-directeur du Conservatoire des arts et métiers, professeur-fondateur de l'École centrale des arts et manufactures*, etc. **TRAITÉ COMPLET DE GÉOMÉTRIE DESCRIPTIVE**, ouvrage divisé en plusieurs parties, qui se vendent chacune séparément.

1° **COURS DE GÉOMÉTRIE DESCRIPTIVE** : 2e *édition*. Deux parties in-4°, accompagnées d'un atlas de 97 pl. 22 fr.

2° **ADDITIONS** au Cours de géométrie descriptive : Démonstration nouvelle des propriétés des sections coniques. In-4° avec 15 planches. 4 fr.

3° **DÉVELOPPEMENTS DE GÉOMÉTRIE DESCRIPTIVE.** 2 vol. in-4°, dont un de pl. 18 fr.

4° **COMPLÉMENTS DE GÉOMÉTRIE DESCRIPTIVE.** 2 v. in-4°, dont un de pl. 18 fr.

5° **MÉMOIRES DE GÉOMÉTRIE DESCRIPTIVE**, théorique et appliquée. 2 vol. in-4°, dont un de planches. 18 fr.

Les *Développements*, les *Compléments* et les *Mémoires* de géométrie descriptive complètent non-seulement le Cours de géométrie descriptive par M. Olivier, mais encore tous les traités précédemment publiés sur cette partie de l'enseignement.

6° **APPLICATION DE GÉOMÉTRIE DESCRIPTIVE** aux ombres, à la perspective, à la gnomonique et aux engrenages. 2 vol. in-4°, dont un de 58 pl. doubles, dont plusieurs coloriées ou à l'*aqua-tinta*. 25 fr.

ROGUET (Ch.), *professeur de mathématiques.* **LEÇONS DE GÉOMÉTRIE ANALYTIQUE** à deux et à trois dimensions, avec une introduction renfermant les premières notions sur les courbes usuelles, à l'usage des candidats à l'école Polytechnique, à l'école Normale et au baccalauréat ès sciences; ouvrage entièrement conforme aux programmes officiels de l'enseignem. scientifique des lycées. In-8°, fig. dans le texte, 1854. 7 f. 50

— **LEÇONS DE TRIGONOMÉTRIE** rectiligne et sphérique, à l'usage des candidats au baccalauréat ès sciences et aux écoles spéciales du gouvernement ; 2e *édition*, entièrement refondue, et rédigée conformément au programme officiel de l'enseignement scientifique des lycées. in-8°, avec fig. dans le texte. 2 fr. 25